Melanie Klinger

Ultrakurzzeitdynamik ausgewählter Germaniumcluster, mehrkerniger Seltenerdverbindungen sowie quasi monodisperser (9,7)-Kohlenstoffnanoröhren in Lösung

Ultrakurzzeitdynamik ausgewählter Germaniumcluster, mehrkerniger Seltenerdverbindungen sowie quasi monodisperser (9,7)-Kohlenstoffnanoröhren in Lösung

von
Melanie Klinger

Dissertation, Karlsruher Institut für Technologie
Fakultät für Chemie und Biowissenschaften
Tag der mündlichen Prüfung: 14.07.2010

Impressum

Karlsruher Institut für Technologie (KIT)
KIT Scientific Publishing
Straße am Forum 2
D-76131 Karlsruhe
www.ksp.kit.edu

KIT – Universität des Landes Baden-Württemberg und nationales
Forschungszentrum in der Helmholtz-Gemeinschaft

KIT Scientific Publishing 2011
Print on Demand

ISBN 978-3-86644-617-5

Ultrakurzzeitdynamik ausgewählter Germaniumcluster, mehrkerniger Seltenerdverbindungen sowie quasi monodisperser (9,7)-Kohlenstoffnanoröhren in Lösung

Zur Erlangung des akademischen Grades eines

DOKTORS DER NATURWISSENSCHAFTEN

(Dr. rer. nat.)

Fakultät für Chemie und Biowissenschaften
Karlsruher Institut für Technologie (KIT) - Universitätsbereich
genehmigte

DISSERTATION

von

Dipl.-Chem. Melanie Klinger

aus Heidelberg

Dekan: Prof. Dr. S. Bräse
Referent: Priv. Doz. Dr. A.-N. Unterreiner
Korreferent: Prof. Dr. M. Kappes
Tag der mündlichen Prüfung: 14.07.2010

Inhaltsverzeichnis

6. Nanoröhren   71

7. Ausblick   103

A. Anhang   105

1. Zusammenfassung

Mittels zeitaufgelöster Zweifarben-Anregungs-Abfrage-Spektroskopie wurde das Relaxationsverhalten eines neunkernigen ligandenstabilisierten Germaniumclusters sowie ausgewählter vierkerniger Lanthanoidkomplexe und einwandiger Kohlenstoffnanoröhren nach Photoanregung untersucht.

Germaniumcluster

Aus Absorptionsmessungen geht hervor, dass der $[Ge_9R_3]^-Li^+$-Cluster (R = Tri(tri-methylsilyl)silyl-Ligand) keine Zustände unterhalb der Ionisierungsgrenze besitzt, so dass bei resonanter Anregung unter Abgabe eines Elektrons eine radikalische Komponente entsteht. Dadurch lässt sich die Ultrakurzzeitdynamik des in THF gelösten Germaniumclusters im Wesentlichen auf die Dynamik solvatisierter Elektronen zurückführen. Anhand von Vergleichsmessungen mit Natrium- bzw. Lithiumiodidlösungen, bei denen nach Anregung mit 258 nm über Ladungstransfer-Zustände solvatisierte Elektronen entstehen, wurde der Einfluss der Umgebung auf die Dynamik des Clusters untersucht. Dabei zeichnete sich ein direkter Zusammenhang zwischen dem Gegenion Li^+ und einem effektiven gerichteten Elektronentransfer vom Clusterkern ins Lösungsmittel ab.

Vierkernige Lanthanoidkomplexe

Des Weiteren wurden ein vierkerniger Neodymkomplex mit 12 β-Diketonatliganden sowie ein Praseodymkomplex gleicher Struktur untersucht. Das Besondere an diesen Verbindungen ist die Fähigkeit der Liganden, die intrinsisch schwachen Lumineszenzeigenschaften der Lanthanoidgruppe zu sensibilisieren und dadurch die Quantenausbeute erheblich zu steigern. Es wurden erstmals zeitaufgelöste Anregungs-Abfrage-Experimente an vierkernigen Neodym- sowie Praseodymkomplexen durchgeführt und damit ein Beitrag zur Aufklärung der komplexen Dynamik nach elektronischer Anregung in ligandenzentrierte energetische Zustände geleistet. Abhängig vom Lanthanoid wurden Relaxationszeiten im Bereich von 6 ps (Neodym-Komplex) bzw. 26 ps (Praseodym-Komplex) erhalten, die mit dem intramolekularen Energietransfer von den Liganden zu den Lanthanoidzentren verknüpft werden konnten.

Nanoröhren

Im dritten Teil der Arbeit wurde eine nahezu monodisperse einwandige Nanoröhrenprobe untersucht, die aufgrund dieser engen Verteilung eine selektive Anregung und Untersuchung der (9,7)-Nanoröhre ermöglichte. Es gelang erstmals, die Besetzung zweier optisch dunkler Exzitonzustände aus dem ersten optisch erlaubten Zustand einer (9,7)-Röhre mithilfe der Femtosekundenspektroskopie zeitaufgelöst zu verfolgen. Diese dunklen Zustände, die zuvor schon durch Photolumineszenzmessungen energetisch charakterisiert wurden,[1] liegen kurz unterhalb des ersten optisch erlaubten Übergangs E_{11}. Nach Anregung in den E_{11}-Zustand konnte gezeigt werden, dass die Besetzung der dunklen Zustände innerhalb der ersten Pikosekunde stattfindet. Abhängig von ihrem energetischen Abstand zum ersten angeregten Exzitonzustand werden die beiden optisch dunklen Zustände unterschiedlich schnell besetzt. Weiterhin konnte durch phononenassistierte Anregung die ultraschnelle Kopplung zwischen G-Mode und E_{11}-Zustand bestätigt werden.

2. Einleitung

Photoaktive organische Moleküle für elektronische Anwendungen wie organische Leuchtdioden, Solarzellen oder Transistoren bieten eine interessante Alternative zu Silizium-basierten Technologien.[2–4] Durch den stetig anwachsenden Bedarf an schnellen und platzsparenden elektronischen Bauteilen ist es wichtig, neue Verbindungen mit geeigneten elektronischen Eigenschaften im nanoskaligen Bereich zu finden. Ein wichtiges Thema ist aber auch die Reduktion des Energieverbrauchs im Zeichen des Klimaschutzes z.B. durch das Design effizienterer Lichtquellen. Ein großes Forschungsgebiet stellen dabei die Lumineszenzeigenschaften solcher Stoffe dar. Im Infrarotbereich fluoreszierende Stoffe können zum Beispiel als Tracermoleküle in der Biotechnologie eingesetzt werden, da in diesem Wellenlängenbereich keine Beschädigung von Gewebeproben auftritt.[5] Lange Zeit war es schwierig, geeignete Stoffe mit guten Fluoreszenzeigenschaften im infraroten Bereich des elektromagnetischen Spektrums zu finden. Seit geraumer Zeit sind Verbindungen der Lanthanoide in den Fokus der wissenschaftlichen Aufmerksamkeit gerückt, da sie aufgrund ihres elektronischen Aufbaus eine breite Palette von Frequenzen zugänglich machen.

Bei der Untersuchung dieser photoaktiven Materialien ist man auf schnelle Mess- und Detektionstechniken angewiesen, da die Photoanregung meist in höhere elektronische Zustände stattfindet, und die anschließende Dynamik auf der Femto- und Pikosekundenzeitskala abläuft. Zeitaufgelöste Ultrakurzzeit-Spektroskopie ermöglicht es, sehr schnelle Vorgänge im molekularem Bereich aufzulösen. Die für die hier gezeigten Messungen angewendete Anregungs-

Abfrage-Technik ist eine etablierte Methode zur Charakterisierung elektronischer Anregung molekularer Systeme in kondensierter Phase und zur direkten Bestimmung der Lebensdauer angeregter Zustände.

Um das Potenzial dieser organischen Materialien vollständig ausschöpfen zu können, ist es wichtig, die Zusammenhänge zwischen Struktur und elektronischen Eigenschaften zu verstehen. Für ein gezieltes Design optoelektronischer Bauteile ist daher die Kenntnis der Prozesse essentiell, die nach Photoanregung ablaufen. Alle in dieser Arbeit untersuchten molekularen Verbindungen wurden im Rahmen des CFN (Center for Functional Nanostructures) im Projektfeld „Molekulare Nanostrukturen" hergestellt und zeitaufgelöst untersucht. Gezielte Synthese und Charakterisierung vielversprechender Nanostrukturen wie z.B. einwandige Kohlenstoffnanoröhren, Nanodrähte oder metallorganische Cluster sollen helfen, die gewonnenen Erkenntnisse in sinnvolle Anwendungen zu überführen. Zum Beispiel ist für molekulare Strukturen in Solarzellen eine Stabilität gegenüber UV-Strahlung wichtig, da diese auch im Sonnenlicht vorhanden ist. Die in dieser Arbeit untersuchten metalloiden Cluster und Seltenerdkomplexe wurden hinsichtlich UV-Stabilität und elektronischer Eigenschaften nach Anregung im UV-Bereich untersucht. Lanthanoidkomplexverbindungen werden bereits als sogenannte Lichtkonvertierungsgeräte benutzt.[6] Als weiteres Anwendungsbeispiel dienen Nanoröhren, die aufgrund ihrer großen Variation des Durchmessers über einen großen Absorptionsbereich durchstimmbar sind und so z.B. für optische Schalter verwendet werden könnten.[7]

Die vorliegende Arbeit liefert einen Beitrag zur Untersuchung der photophysikalischen und chemischen Eigenschaften der oben genannten Verbindungen und soll helfen, die Relaxationsvorgänge nach Photoanregung zu klären.

3. Experimentelle Grundlagen

Dieses Kapitel soll einen kurzen Überblick über die Konzepte der nichtlinearen Optik geben, die zur Beschreibung eines Femtosekunden-Experiments nötig sind. Dabei liegt ein Hauptaugenmerk auf der Frequenzkonversion der Laserstrahlung, da diese ein wichtiges Werkzeug darstellt, um Experimente über einen großen Frequenzbereich durchzuführen. Danach wird das Lasersystem sowie der Messaufbau zur Durchführung von Anregungs-Abfrage-Experimenten (Pump-Probe-Experimente) beschrieben.

3.1. Nichtlineare Prozesse

Die Grundlage für die hier angewendete Anregungs-Abfrage-Technik ist die nichtlineare Antwort des zu untersuchenden Systems auf die Anregung mit elektomagnetischer Strahlung hoher Feldstärke. Das eingestrahlte Licht induziert wellenlängenabhängig eine Änderung der Polaristion P des dielektrischen Mediums, die gemäß der Wellengleichung[8]

$$\Delta E\left(\mathbf{r},t\right) - \frac{1}{c^2}\frac{\partial^2}{\partial t^2}E\left(\mathbf{r},t\right) = -\frac{4\pi}{c^2}\frac{\partial^2}{\partial t^2}P\left(\mathbf{r},t\right) \tag{3.1}$$

wiederum an das externe elektromagnetische Feld $E(r,t)$ gekoppelt ist. c ist hierbei die Lichtgeschwindigkeit. Man kann P in eine Reihe entwickeln und so zwischen linearem Anteil $P^{(1)}$ und nichtlinearem Anteil P_{NL} unterscheiden:

$$P\left(\mathbf{r},t\right) = P^{(1)}\left(\mathbf{r},t\right) + P^{(2)}\left(\mathbf{r},t\right) + P^{(3)}\left(\mathbf{r},t\right) + \ldots \equiv P^{(1)}\left(\mathbf{r},t\right) + P_{NL}. \tag{3.2}$$

P_{NL} enthält die Information, die für die Beschreibung jedes nichtlinearen optischen Prozesses nötig ist. Für die Berechnung von P_{NL} muss man die

Gleichungen, die die mikroskopischen Wechselwirkungen zwischen Licht und Materie beschreiben, lösen.

3.1.1. Dispersion

Die Dauer und die spektrale Breite eines Femtosekundenpulses sind über die Beziehung

$$\Delta t \Delta \nu \geq K \tag{3.3}$$

miteinander verbunden. Das Zeit-Bandbreitenprodukt K ist dabei abhängig von der Pulsform und hat zum Beispiel für einen gaußförmigen Puls den Wert 0,441.[9] Erreicht die Ungleichung den kleinsten Wert 0,441, spricht man von einem Fourier-transform-limitierten Puls. Das Erreichen dieses Limits ist ein Maß für die Qualität des Laserpulses.

Bei der Propagation eines optischen Pulses durch ein transparentes Medium, erfährt der Puls aufgrund der Dispersion des Mediums eine Verzögerung, zeitliche Verbreiterung sowie Phasenverschiebung (Chirp). Diese Effekte lassen sich über eine Taylorreihen-Entwicklung der Kreiswellenzahl k in Abhängigkeit der Kreisfrequenz ω darstellen:[10]

$$
\begin{aligned}
k(\omega) &= k(\omega_0) + \left(\frac{dk(\omega)}{d\omega}\right)_{\omega_0} (\omega - \omega_0) + \frac{1}{2!}\left(\frac{d^2 k(\omega)}{d\omega^2}\right)_{\omega_0} (\omega - \omega_0)^2 + \dots \\
&= k(\omega_0) + \frac{1}{v_g(\omega_0)}(\omega - \omega_0) + \frac{1}{2!}\frac{d}{d\omega}\left(\frac{1}{v_g(\omega)}\right)_{\omega_0} (\omega - \omega_0)^2 + \dots
\end{aligned}
\tag{3.4}
$$

$v_g(\omega_0)$ ist die Gruppengeschwindigkeit des Wellenpakets. Die erste Ableitung von k nach ω im zweiten Term von Gleichung 3.4 beschreibt die Gruppenverzögerung, die ein Puls beim Durchlaufen eines Mediums gegenüber dem Vakuum erfährt. Die zweite Ableitung im dritten Term ist die Gruppengeschwindigkeitsdispersion (GVD, engl: Group Velocity Dispersion). Sie gibt an, dass aufgrund der Wellenlängenabhängigkeit des Brechungsindexes des Mediums die verschiedenen Frequenzkompomenten mit unterschiedlicher Geschwindigkeit das Medium durchlaufen. Die weiteren Terme der Gleichung beziehen sich auf Dispersionen höherer Ordnung. Jedes optische Bauteil, dass ein Laserpuls durchläuft, nimmt also Einfluss auf seinen zeitlichen Verlauf und seine Phasenbeziehung. Um zum Beispiel den Gruppenlaufzeitunterschied aufgrund positiver GVD auszugleichen, werden Gitterkompressoren, die negative GVD einbringen, benutzt. Positive GVD bedeutet, dass die roten Komponenten des Pulses das dispersive Medium schneller als die blauen durchlaufen, während es bei negativer GVD umgekehrt ist.

3.1.2. Dreiwellenmischen

Bei der Wechselwirkung zweier optischer Wellen $E_{j,k}$ mit unterschiedlicher Frequenz $\omega_{m,n}$ in einem nichtlinearen Medium handelt es sich um einen Prozess zweiter Ordnung, der verschiedene Beiträge zur nichtlinearen Polarisation liefert:

$$P_i(\omega) = \sum_{j,k} \sum_{m,n} \chi_{ijk}^{(2)} E_j(\omega_m) E_k(\omega_n). \tag{3.5}$$

$\chi_{ijk}^{(2)}$ ist ein Tensor dritter Stufe für die Suszeptibilität des Mediums. In Medien mit Inversionssymmetrie wird der Suszeptibilitätstensor zu 0, da sich bei Inversion aller Koordinaten sowohl das Vorzeichen der Amplituden $E_{j,k}$ als auch der Polarisation P_i ändern. Deshalb finden bei $\chi^{(2)}$-Prozessen Kristalle ohne Inversionszentrum wie β-Bariumborat (BBO) ihre Anwendung.

Zu den Prozessen zweiter Ordnung zählen Summen- und Differenzfrequenzerzeugung (SUM bzw. DIF) sowie die Erzeugung der zweiten Harmonischen (SHG, engl.: Second Harmonic Generation) (Abb. 3.1). Da jeweils 3 Photonen beteiligt sind, fasst man diese Prozesse auch unter dem Begriff Dreiwellenmischen zusammen. SHG ist ein Sonderfall des Summenfrequenzmischens, bei der $\omega_m = \omega_n$ ist. Die Polarisation des Mediums vereinfacht sich dann zu

$$P_i(2\omega) = \sum_{j,k} \chi_{ijk}^{(2)} E_j(\omega) E_k(\omega). \tag{3.6}$$

Zwei Photonen der Frequenz ω ergeben unter der Erhaltung von Energie und Impuls ein Photon der Frequenz 2ω.

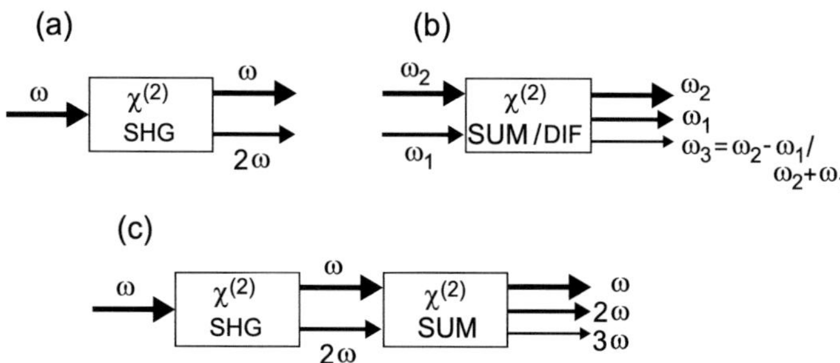

Abbildung 3.1.: Erzeugung der (a) 2. sowie (c) 3. Harmonischen in einem nicht-linearem Medium. (b) zeigt Differenzfrequenzerzeugung. SHG steht für die Erzeugung der 2. Harmonischen, DIF für Differenz- und SUM für Summenfrequenzerzeugung.

Bei der Summen- bzw. Differenzfrequenzerzeugung werden zwei Photonen mit unterschiedlicher Frequenz $\omega_{1,2}$ in die Summe $\omega_3 = \omega_2 + \omega_1$ oder die Differenz $\omega_3 = \omega_2 - \omega_1$ aus beiden Frequenzen umgewandelt. Im Unterschied zum Summenfrequenzmischen wird beim Differenzfrequenzmischen das Feld von ω_1 (und auch das von ω_3) verstärkt. Da die Erzeugung der Differenzfrequenz ein parametrischer Prozess ist, wird dieser Effekt auch parametrische Verstärkung genannt.[11] Dabei wird ω_1 als Signalwelle bezeichnet, da diese in dem parametrischen Prozess verstärkt wird. $\omega_3 = \omega_2 - \omega_1$ wird Idlerwelle (idle, engl.: müßig, untätig) genannt, da sie bei früheren Anwendungen nicht weiter verwendet wurde.

Die 3. Harmonische (THG, engl.: Third Harmonic Generation) kann entweder über Vierwellenmischen (χ^3) erzeugt werden oder wie in Abbildung 3.1 (c) schematisch dargestellt über SHG mit anschließender Summenfrequenzerzeugung.

Alle genannten Prozesse müssen der Phasenanpassungsbedingung

$$\Delta k = k_3 - k_1 - k_2 = 0 \tag{3.7}$$

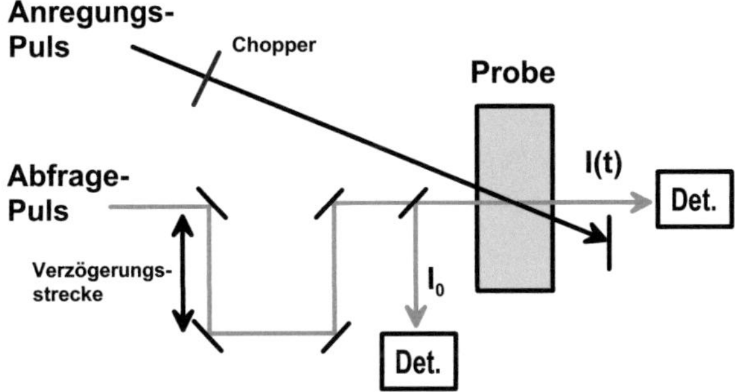

Abbildung 3.2.: Schematische Darstellung eines Femtosekunden-Anregungs-Abfrage-Experiments.

gehorchen, damit sich die drei Wellen gleich schnell im nichtlinearen Kristall ausbreiten und positiv interferieren. Für SHG vereinfacht sich Gleichung 3.7 zu $\Delta k = k_{2\omega} - 2k_\omega = 0$.

3.2. Zeitaufgelöste transiente Messungen

Die Femtosekundenspektroskopie ist eine Methode zur zeitaufgelösten Untersuchung der Moleküldynamik. Anregungs-Abfrage-Experimente sind Absorptionsmessungen und werden daher zumeist an Lösungen durchgeführt. Das Prinzip ist in vereinfachter Form in Abbildung 3.2 dargestellt. In der Probe wird durch einen fs-Anregungspuls (auch Pumppuls genannt) eine transiente Änderung in der Absorption bzw. der optischen Dichte OD induziert. Die optische Dichte ist über das Lambert-Beersche Gesetz definiert:

$$OD = log\frac{I_0}{I} = \epsilon \cdot c \cdot d. \tag{3.8}$$

I_0 und I beschreiben die Intensität vor bzw. nach der durchstrahlten Probe, ϵ und c den molaren dekadischen Extinktionskoeffizienten sowie die Konzentration der Probe und d ist die Dicke der Probe. In zeitaufgelösten Messungen ist die Änderung der Gesamtabsorption, d.h. der angeregte Teil der Probe wichtig. Die Änderung der optischen Dichte ΔOD ergibt sich aus

$$\Delta OD(t) = \left(\frac{I_0}{I(t)}\right)_{auf} - \left(\frac{I_0}{I(t)}\right)_{zu}. \tag{3.9}$$

Durch eine Rotationsblende (Chopper) im Strahlengang des Anregungspulses kann die optische Dichte mit (auf) und ohne (zu) vorheriger Anregung durch den Pumppuls gemessen werden. Eine wichtige Voraussetzung ist, dass der Abfragepuls schwach im Vergleich zum Anregungspuls ist und keine nennenswerte Änderung in der Probe induziert. Der Abfrage-Puls (Probepuls), der gegenüber dem Anregungspuls zeitlich verzögert werden kann, erfährt aufgrund dieser Änderung eine stärkere oder schwächere Absorption im Vergleich zur unangeregten Probe oder kann Emission stimulieren.

$\Delta OD(t)$ kann positive wie negative Werte annehmen. Bei transienter Absorption des Anregungspulses erhält man positive Werte. Transiente Absorption bedeutet, dass der Probepuls die bereits angeregte Probe in einen höher angeregten Zustand transferiert oder dass Photoprodukte gebildet wurden, die in diesem Spektralbereich absorbieren. Stimulierte Emission und/oder Grundzustandsausbleichen erzeugen negative $\Delta OD(t)$-Werte. Das Ausbleichen des Grundzustands bedeutet, dass der Extinktionskoeffizient der Probe nach Anregung kleiner wird, da sich Moleküle im angeregten Zustand befinden oder photochemisch reagiert haben und der Abfragepuls zu einem geringeren Anteil absorbiert wird.

3.3. Pulscharakterisierung

Zur Charakterisierung der Anregungs- und Abfragepulse wurden die spektrale Bandbreite sowie die Pulslänge bestimmt.

Zur Bestimmung der zentralen Wellenlänge der Femtosekundenpulse wurden Lichtleitfaser-Spektrometer der Firma Ocean Optics verwendet (sichtbarer Bereich: SD 2000, infraroter Bereich: NIR-512).

Die Pulsdauer wurde mittels Intensitäts-Autokorrelation bestimmt. Hierzu wird der Laserstrahl zweigeteilt, wobei ein Teilstrahl gegenüber dem Anderen verzögert wird und mit diesem in einem dünnen BBO-Kristall (BBO: β-Bariumborat) unter gleichem Winkel räumlich und zeitlich überlappt wird. Bei erfüllter Phasenanpassungsbedingung (s. Abschnitt 3.1.2) der beiden Teilstrahlen erscheint eine frequenzverdoppelte Komponente, die mit einer Photodiode als Funktion der Zeitverzögerung aufgenommen wird. Der Puls wird also mit sich selbst gefaltet, d.h. ein Teilpuls tastet den anderen zeitlich ab und so ergibt sich eine zeitabhängige Intensitätsverteilung des frequenzverdoppelten Signals. Die Intensität als Funktion der Verzögerungszeit τ wird Intensitäts-Autokorrelation 2. Ordnung genannt:[9]

$$A(\tau) = \int_{-\infty}^{\infty} I(t)I(t - \tau)dt. \tag{3.10}$$

Da in Gleichung 3.10 nur über Intensitäten integriert wird, geht in einer Intensitätsautokorrelation jede Phaseninformation verloren, und man muss eine Annahme für die Einhüllende des Laserpulses vorgeben, da dies nicht aus der Messung hervorgeht. Die Autokorrelationsfunktion $A(\tau)$ hat die gleiche Pulsform wie der Laserpuls. Unter Annahme eines Gaußpulses ergibt sich die Pulslänge τ_P, die als die volle Halbwertsbreite (FWHM; engl.: Full width at half maximum) der Gaußkurve definiert ist aus der FWHM τ_{AK} von $A(\tau)$ nach

$$\tau_P = \frac{\tau_{AK}}{\sqrt{2}}, \tag{3.11}$$

unter der Annahme, dass $I(t) = exp(-2(ln(2)t/\tau_{AK})^2)$.[12]

3.4. Messaufbau

3.4.1. Lasersystem

Das für die Versuche verwendete Lasersystem CPA-2210 (Fa. Clark-MXR) hat eine mittlere Pulsenergie von 2 mJ bei einer Repetitionsrate von 1kHz. Die erzeugten Pulse besitzen eine Zentralwellenlänge von 775 nm bei einer Pulsdauer von ca. 150 fs (unter Annahme eines $sech^2$-förmigen Pulses). Der CPA-2210 besteht aus folgenden Komponenten:

- Diodengepumpter Erbium-Glasfaser-Oszillator

- Pulsstrecker

- Frequenzverdoppelter Nd:YAG-Pumplaser

- Regenerativer Verstärker

- Pulskompressor

Der Oszillator, der den Seedstrahl mit einer Repetitionsrate von 34 MHz für den Verstärker generiert, benutzt eine mit Er^{3+}-Ionen dotierte Glasfaser als Lasermedium, das mit einem Diodenlaser der Wellenlänge 980 nm gepumpt wird.[13] Der Laserübergang liegt bei 1550 nm und wird in einem KTP-Kristall (KTP: Kaliumtitanylphosphat) auf 775 nm freqenzverdoppelt und hat eine Bandbreite von ca. 5 nm.

Die fs-Pulse des Faseroszillators, die nur über Pulsenergien < 1 nJ verfügen, werden regenerativ verstärkt. Um eine Beschädigung der Optiken aufgrund von hohen Intensitäten, die beim Verstärkungsprozess auftreten, zu verhindern, wird das Prinzip der „Chirped Pulse Amplification" (CPA) angewendet,[14] das in Abbildung 3.3 schematisch dargestellt ist. In einem ersten Schritt wird der Puls zeitlich um einen Faktor von typischerweise 10000 gestreckt („chirped"),[10] um die Spitzenintensitäten der Pulse zu reduzieren. Danach wird der Puls verstärkt, um schließlich wieder zu seiner ursprünglichen Länge komprimiert zu werden.

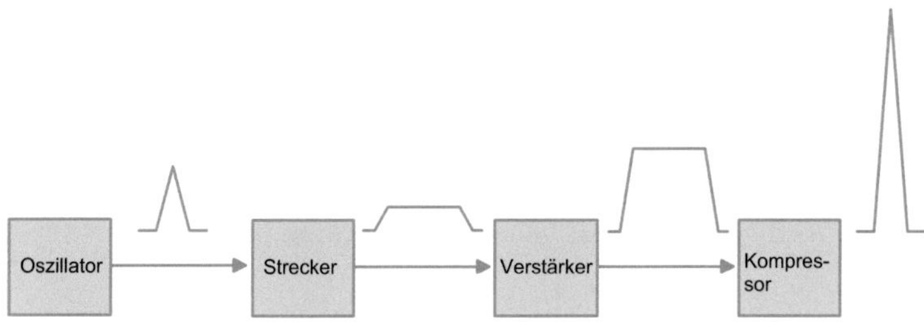

Abbildung 3.3.: Prinzip der CPA-Technik

Im CPA-2210 wird dieses Prinzip wie folgt angewendet. Der Seedpuls des Oszillators wird durch die Pulsstreckereinheit, bestehend aus zwei Reflexionsgittern, zeitlich auf etwa 200 ps gestreckt und über zwei Glan-Taylor-Polarisatoren in den regenerativen Verstärker (RGA, „regenerative amplifier")[10] eingekoppelt. Abbildung 3.4 zeigt die Verstärkereinheit des CPA-2210. Bei der regenerativen Verstärkung wird ein Puls in einen Laserresonator eingekoppelt und legt so viele Umläufe zurück, bis die maximale Energie aus dem Lasermedium gewonnen ist. Mittels einer Pockels-Zelle, die aufgrund des Pockels-Effekts[16] als spannungsabhängige $\lambda/4$-Platte fungiert, wird der gestreckte Puls in den Resonater des RGA ein- und ausgekoppelt. Als Pump-Laser für den RGA dient ein auf 532 nm frequenzverdoppelter gütegeschalteter Nd:YAG-Laser (Nd:YAG = Yttrium-Aluminium-Granat dotiert mit Nd^{3+}), der Pulse von etwa 300 ns bei einer Repetitionsrate von 1 kHz und einer durchschnittlichen Leistung von ca. 11 W bereitstellt. Als Verstärkermedium dient ein wassergekühlter Ti:Sa-Kristall (Ti:Sa = Titan-Saphir). Die Pockels-Zelle koppelt jede Millisekunde einen Puls aus dem 34 MHz-Pulszug in den RGA ein, der auf ein 10^6-faches verstärkt wird.

Nach der Verstärkung wird der Puls ausgekoppelt und durchläuft den Kompressor. Herzstück der Kompressionseinheit ist ein Transmissionsgitter, das vom Puls viermal durchlaufen wird und die zeitliche Pulslänge auf etwa 150 fs komprimiert.

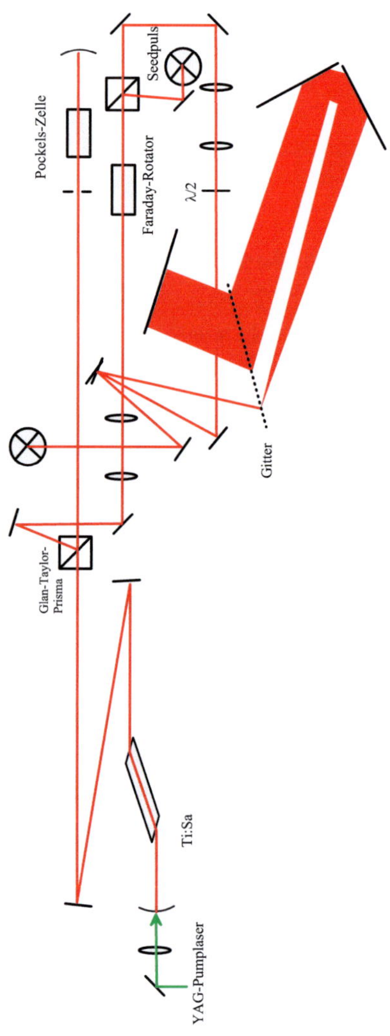

Abbildung 3.4.: Schematische Darstellung des regenerativen Verstärkers mit Gitterkompressor im CPA-2210.[15]

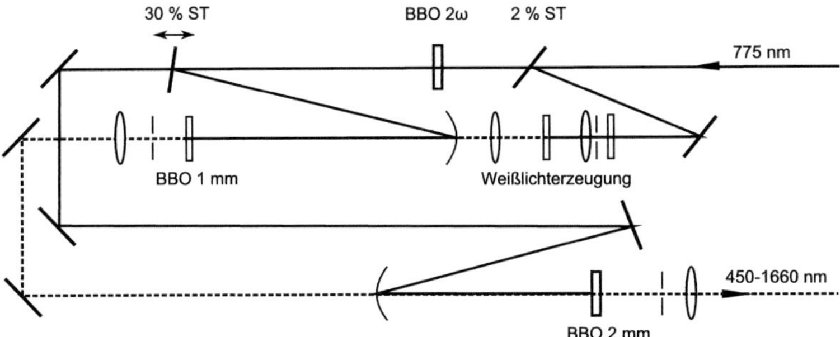

Abbildung 3.5.: Schematischer Aufbau eines nicht-kollinearen optisch parametrischen Verstärkers (NOPA).[15] ST: Strahlteiler, BBO: β-Bariumborat-Kristall

3.4.2. Frequenzkonversion

NOPA

Für die Frequenzkonversion der fundamentalen Wellenlänge des CPA-2210 stehen zwei nichtkollineare parametrische Verstärker (NOPA, engl.: non-collinear optical parametric amplification) der Firma Clark-MXR zur Verfügung.[17-19] Dadurch steht für die Femtosekundenmessungen nun ein Wellenlängenbereich von ca. 450 - 740 nm und von ca. 850 - 1600 nm zur Verfügung. Abbildung 3.5 zeigt die Funktionsweise eines NOPAs. Der NOPA wird mit etwa 300 μJ der Fundamentalen (775 nm) des CPA-2210 gepumpt. 2 % davon werden mittels Strahlteiler in ein Saphirplättchen fokusiert. Aufgrund des nichtlinearen Brechungsindexes des Saphirs bei hohen Pulsintensitäten wird durch Selbstphasenmodulation ein Weißlichtkontinuum in einem Bereich von etwa 450 bis 850 nm erzeugt, wobei der Bereich von ca. 740 bis 850 nm stark strukturiert und nicht als Signalwelle geeignet ist. Der Rest des 775 nm-Pulses wird in einem BBO-Verdopplerkristall auf 388 nm frequenzverdoppelt. Das Weißlicht wird in der ersten Verstärkungsstufe in einem 1 mm dicken BBO-Kristall mit 30 % des 388 nm-Strahls räumlich und zeitlich nicht-kollinear überlagert. Der 30 % -Strahlteiler ist auf einer Verschiebebühne angebracht und gewährleistet so die zeitliche Überlappung zwischen

Pump- und Kontinuumspuls. Je nach Verkippung der optischen Achse des BBO-Kristalls und Winkel zwischen Pump- und Weißlichtpuls wird eine bestimmte Frequenz als Signalwelle aus dem Weißlichtkontinuum ausgewählt und optisch parametrisch verstärkt (s. a. Abschn. 3.1.2). In einer zweiten Stufe wird diese Signalwelle in einem 2 mm dicken BBO-Kristall durch zeitliche sowie räumliche Überlappung mit dem restlichen 388-Pumppuls in nichtkollinearer Anordnung weiter verstärkt. Aufgrund des gechirpten Weißlichtkontinuums und dispersiver Optiken sind die NOPA-Pulse ebenfalls gechirpt. Über einen Prismen-Kompressor hinter dem NOPA werden die Pulse zeitlich komprimiert. Im sichtbaren Bereich werden unter Verwendung von SF10-Prismen (SF: Schwerflint) Pulslängen $\leq$ 30 fs erreicht und im Infrarotbereich Pulslängen $\leq$ 50 fs.

SHG- und THG-Erzeugung

Für Wellenlängen unterhalb 450 nm stehen Komponenten für SHG- bzw. THG-Erzeugung zur Verfügung (Abb. 3.6). Ein Teil des 775 nm-Puls des CPA-2210 wird in einem BBO-Kristall mit geeignetem Schnittwinkel (29,2° für eine Fundamentalwellenlänge von 775 nm und Typ 1 SHG) frequenzverdoppelt. Diese Komponente kann dann über dielektrische Spiegel direkt in die Probenküvette geführt werden. Für die Frequenzverdreifachung auf 258 nm wird der zuvor erzeugte SHG-Puls in einem zweiten BBO-Kristall (Schnittwinkel 44,3° Typ 1 SUM) mit der Fundamentalen zeitlich und räumlich überlappt. Für Typ 1-Prozesse ist es erforderlich, dass beide einfallenden Pulse entweder ordentliche oder außerodentliche Orientierung in Bezug auf die optische Kristallachse besitzen. Der durch Summenfrequenzmischen erzeugte Puls besitzt dann die jeweils gegenteilige Orientierung. Damit die Fundamentale und der SHG-Puls für die THG-Erzeugung die gleiche Orientierung besitzen, wird die Polarisation des 775 nm-Pulses vor der Überlappung mit dem 388 nm-Puls mit einem 800 nm-Polarisator um 90° gedreht. Sowohl SHG- als auch THG-

Pulse wurden dem Experiment ohne weitere Pulskompression zur Verfügung gestellt, so dass die Pulsdauern zwischen 150 und 200 fs lagen.

3.4.3. Anregungs-Abfrage-Experiment

Abbildung 3.6 zeigt den Aufbau des Femtosekundenexperiments, das für die Messungen verwendet wurde.

Als Laserpulsquelle dient der oben beschriebene CPA-2210 mit einer Zentralwellenlänge von 775 nm. Dieser Strahl wird aufgeteilt. Jeweils ein Teilstrahl pumpt die beiden NOPAs, die das sichtbare bis infrarote Pulsspektrum für Anregung und Abfrage bereitstellen. Anregungspulse im UV-Bereich werden durch die Verdoppler- und Verdreifacher- Einheit bereitgestellt. Über entsprechende Spiegel können wahlweise Anregungs-NOPA- oder SHG- bzw. THG-Pulse durch die Probe geführt und mit dem Abfragepuls nichtkollinear überlappt werden. Die Probenküvette befindet sich in einer Halterung, die auf einer xyz-Bühne angebracht ist. Pump- und Probestrahl werden über Fokussierspiegel in die Probe geleitet. Dabei wird darauf geachtet, dass der Durchmesser des Pumppulses größer als der des Abfragepulses ist, um zu gewährleisten, dass nur angeregte Moleküle abgefragt werden. Die Proben befinden sich in Quarzglasküvetten mit 1 mm Schichtdicke (Fa. Hellma). Für die zeitliche Verzögerung zwischen Anregungs- und Abfragepuls ist im Anregungs-Strahlengang eine Verschiebebühne der Firma Physik Instrumente (PI) eingebaut, die eine Verzögerung bis zu 2 ns bei einer Auflösung von 0,67 fs (0,1 μm) erlaubt. Ein Chopper im Strahlengang des Anregungspulses, der mit der halben Frequenz des Lasers synchronisiert wurde, sorgt dafür, dass nur jeder zweite Puls zur Probe gelangt. Die Detektion des Anregungspulses vor und nach Durchgang durch die Probe erfolgt über integrierende Photodioden. Für Strahlung im UV- und sichtbaren Bereich wurden Silizium-Dioden (Hamamatsu, S1336-BQ) verwendet, für Infrarotstrahlung InGaAs-Dioden (Hamamatsu, G8371-03). Die Daten werden über einen A/D-Wandler (National Instruments, PCI-6034E) in einen PC eingelesen und in einem Messprogramm (Labview Version

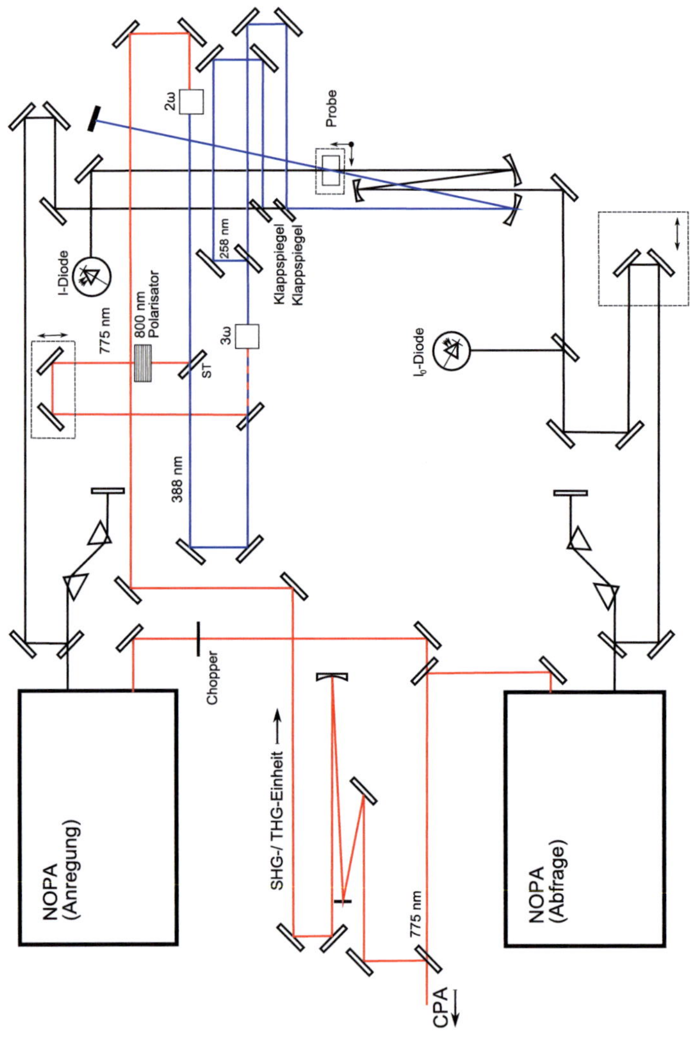

Abbildung 3.6.: Schematische Darstellung des Femtosekunden-Anregungs-Abfrage-Experiments.

6.1) ausgewertet. Das Messprogramm steuert auch die Schrittweite der zeitlichen Verschiebung zwischen Anregungs- und Abfragepuls sowie die Mittelung der Messpunkte zu einer bestimmten Verzögerungszeit.

Die Triggerung für Datenerfassung, Chopper und Photodioden steuert ein Verzögerungsgenerator (Stanford Research Systems, DG535), der seinerseits vom Pockels-Zellentreiber, der auch die Pulsverstärkung im RGA steuert, getriggert wird. Taktgeber ist der Faseroszillator, dessen Frequenz von 32 MHz durch einen Frequenzteiler auf 1074 Hz heruntergetaktet wird.

Um den Rotationsbeitrag im ΔOD-Signal des zu untersuchenden Systems zu unterdrücken, sind Anregungs- und Abfragepuls normalerweise in einem Winkel von 54,7° (magischer Winkel) zueinander polarisiert. In dem hier gezeigten experimentellen Aufbau sind beide Pulse s-polarisiert. Bei den Untersuchungen der mehrkernigen Lanthanoidkomplexe sowie des Germaniumclusters handelt es sich um erste Messungen und so wurde auf die Einstellung des magischen Winkels verzichtet.

4. Germaniumcluster

4.1. Einleitung und Zielsetzung

Germanium gehört zur Gruppe der Metalloiden und ist aufgrund seiner elektronischen Eigenschaften ein Halbleiter. In der Elektrotechnik findet es vor allem in Germaniumdioden sowie mit geringen Zusätzen von Antimon oder Indium in Transistoren Verwendung. Die physikalischen Eigenschaften der Metalloide liegen aufgrund ihrer Bindungsverhältnisse, die zwischen metallisch und kovalent einzuordnen sind, zwischen Metall und Nichtmetall. Von wissenschaftlichem Interesse sind Clusterverbindungen mit halb- bzw. metallischen Clusterzentren, welche von wenigen Atomen bis zu einigen hundert variieren können. Bei Zunahme der Anzahl der Atome in einer Metall- oder Halbmetallclusterverbindung vollzieht sich ab einer bestimmten Größe der Übergang von molekularen Strukturen zum Metallverband. Daher stellen diese Verbindungen sozusagen das Bindeglied zwischen Molekül und Festkörperphase dar,[20] was sie zu idealen nanoskaligen Systemen zur Untersuchung von Quanteneffekten macht.[21]

Der in dieser Arbeit untersuchte Cluster besitzt sowohl Germaniumatome, die an Bindungen zu Liganden teilhaben als auch sogenannte nackte Ge-Atome, welche nur Ge-Atome als nächste Nachbarn besitzen. Durch den Einbau nackter Germaniumatome in den Clusterkern solcher ligandenstabilisierten Verbindungen ist es möglich, intramolekulare Delokalisierung von negativer Ladung einzubringen.[22] Verschiedene Fragestellungen treten dabei auf: Was bewirkt eine elektronische Anregung und welchen Einfluss nimmt die Umgebung des Clusters auf die nachfolgende Dynamik? Verläuft die Relaxation nach Photoanregung innerhalb des Clusters oder erfolgt ein Ladungstransfer in das Lösungsmittel? Erste zeitaufgelöste Anregungs-Abfrage Experimente zeigen im Folgenden den Einfluss, den das als Gegenion zur anionischen $Ge_9R_3{}^-$-Komponente (R = Ligand) dienende Li^+-Ion auf die Dynamik hat, die einer UV-Anregung folgt.

4.2. Grundlagen

4.2.1. Darstellung und Bindungscharakter

Der hier untersuchte Germaniumcluster wurde in der Arbeitsgruppe Schnepf am Karlsuher Institut für Technologie (KIT) hergestellt und für diese Arbeit zur Verfügung gestellt. Der Cluster, $[Ge_9\{Si\,(SiMe_3)_3\}_3]\,Li\,(thf)_4 \cdot 3THF$, wurde durch Cokondensation von GeBr und $Li\{Si\,(SiMe_3)_3\} \cdot 3THF$ erhalten. Nach der Aufarbeitung erhält man orange gefärbte Kristalle.[22] Für die spektroskopischen Untersuchungen mit Femtosekunden-Zeitauflösung wurde der Germaniumcluster in THF gelöst und lag in Konzentrationen von 1 μmol/L und kleiner vor. In Lösung herrscht folgendes Gleichgewicht:[23]

$$[Ge_9\{Si\,(SiMe_3)_3\}_3]^- + Li\,(THF)_4^+ \rightleftharpoons$$
$$[Ge_9\{Si\,(SiMe_3)_3\}_3]\,Li\,(THF)_3 + THF$$

Es wird angenommen, dass das Gleichgewicht nach rechts verschoben ist. Der Clusterkern selbst, bestehend aus neun Germaniumatomen, ähnelt dem Zintlanion Ge_9^{4-}. Nur drei der neun Ge-Atome sind über 2-Elektronen-2-Zentren-Bindungen an die sterisch anspruchsvollen Tri(trimethylsilyl)silyl-Liganden (TTMSS) gebunden. Die restlichen sechs Germaniumatome sind dagegen relativ ungeschützt und erfahren daher nur eine geringe Abschirmung durch die Liganden, was sie wiederum reizvoll als Andockstellen für weitere Reaktionen macht.[22] Abbildung 4.1 zeigt die Struktur des Germaniumskerns mit den drei Silyl-Liganden, die die Peripherie des Clusters bilden. Quantenchemische Rechnungen an $[Ge_9H_3]^-$-Einheiten als einfaches Beispiel für diese zintlähn-

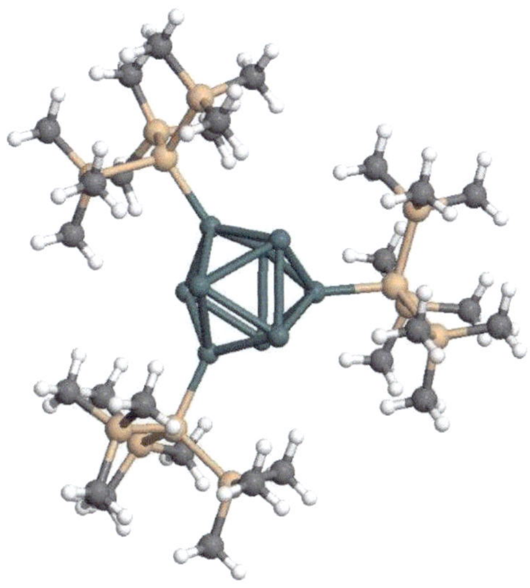

Abbildung 4.1.: Struktur von $\left[Ge_9\left\{Si\left(SiMe_3\right)_3\right\}_3\right]^-$ mit Blick auf die dreizählige Achse.[24] 3 TTMSS-Einheiten stabilisieren den Clusterkern.

lichen Clusterverbindungen weisen darauf hin, dass die Bindungselektronen des Clusterkerns deutlich delokalisiert sind.[22] Die negative Ladung der anionischen Clusterkomponente ist an den nackten Germaniumatomen lokalisiert. Das Li^+-Ion, welches als Gegenion fungiert, ist aufgrund der Lokalisierung der negativen Ladung und des Platzbedarfs der Liganden oberhalb der Ebene, die von den TTMSS-Liganden aufgespannt wird, zu finden.

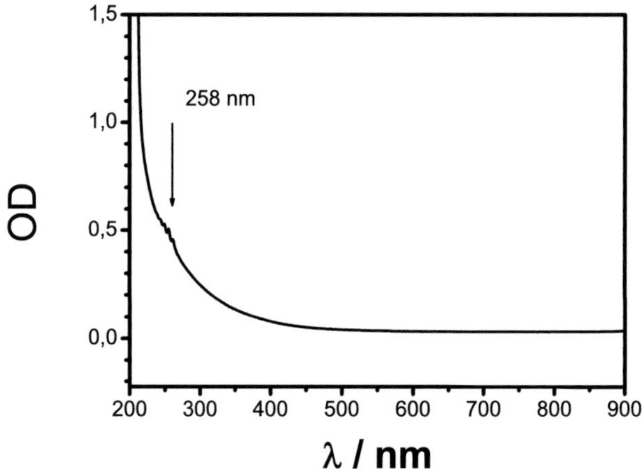

Abbildung 4.2.: UV-Vis-Spektrum von $\left[Ge_9\left\{Si\left(SiMe_3\right)_3\right\}_3\right]^-$ in THF. Die Konzentration ist $< 1\ \mu\text{mol/L}$. Der Pfeil bei 258 nm kennzeichnet die Anregungswellenlänge im zeitaufgelösten Experiment.

Die neunkernige Silylgermaniumverbindung zählt zu den klassischen Clustern, d.h. die Metallatome müssen mit mindestens zwei weiteren Atomen der Gruppe verbunden sein und bilden so den Clusterkern. Die schwächste Bindung innerhalb des Clusters ist die zu den Silylliganden.

In Abbildung 4.2 ist das UV-Vis-Spektrum der untersuchten Probe dargestellt. Eine breite, strukturlose Absorptionsbande steigt vom sichtbaren in den UV-Bereich an. Die Schwingungsprogressionsbanden, die zwischen 250 und 260 nm zu sehen sind, stammen von Verunreinigungen durch das Lösungsmittel Tetrahydrofuran (THF) und werden im nächsten Abschnitt besprochen.

4.2.2. Stabilität und Lösungsmittel

Der Germaniumcluster ist am einfachsten in THF zu lösen. Andere Lösungsmittel wurden für zeitaufgelöste Untersuchungen nicht weiter verfolgt. Entscheidend für die Stabilität ist die Probenpräparation unter sauerstofffreien Bedingungen, da der Germaniumcluster nicht luftstabil ist (s. unten).

Detaillierte absorptionsspektroskopische Untersuchungen ergaben, dass das quasi wasserfreie THF Verunreinigungen von Benzol oder verwandten Aromaten (z.B. Toluol) enthält. Als Anhaltspunkt dafür dienen Schwingungsprogressionsbanden im UV-Vis-Spektrum bei 258 nm (s. Abb. A.2 im Anhang). Diese stammen vermutlich aus der thermischen Zersetzung von Butylhydroxytoluol (Stabilisator) oder Benzophenon (Indikator) während der Trocknung von THF. Die Konzentration von weniger als 10^{-6} mol/L ist jedoch zu gering, um auf die Ultrakurzzeitdynamik Einfluss nehmen zu können. Um dies sicherzustellen, wurde eine Blindprobe mit aufgereinigtem THF gemessen (s. Abb. A.3 im Anhang). Außer einem Korrelationspeak zum zeitlichen Nullpunkt ergab diese Probe keine weitere transiente Antwort.

Aufgrund der geringen Luftstabilität wurde der Germaniumcluster (s. Anhang für entsprechende Untersuchungen) unter Argonatmosphäre in eine Quarzstandküvette (optische Weglänge 1 mm) mit Hahn (zur einfacheren Wiederbefüllung) in THF gelöst und luftdicht verschlossen. Dass sich die Lebenserwartung des Clusters durch Lagerung unter Lichtausschluss bei Zimmertemperatur deutlich erhöhen ließ,[23] lässt darauf schließen, das er zwar thermisch stabil, jedoch instabil gegenüber Langzeit-UV-Bestrahlung ist. Dabei wird vermutlich aus den $[Ge_9\,\{Si\,(SiMe_3)_3\}_3]^-$-Ionen das $[Ge_9\,\{Si\,(SiMe_3)_3\}_3]^{\bullet}$-Radikal gebildet,[23] was zur Polymerisation des Lösungsmittels THF führt. Für die Femtosekunden-Untersuchungen wurden daher folgende Sicherheitsmaßnahmen getroffen: Die Ausgangskonzentration des Germaniumclusters wurde unter 1 μmol/L gehalten, so dass eine Polymerisierung deutlich verlangsamt

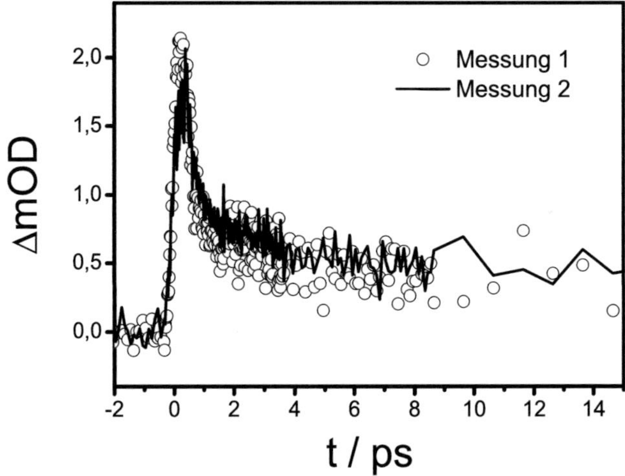

Abbildung 4.3.: Transiente Antwort eines Germaniumclusters in THF nach 258nm-Anregung und Abfrage bei 516 nm. Die Transienten wurden im Abstand von Minuten aufgenommen (Messdauer ebenfalls 5 Minuten).

wird. Zusätzlich wurde die Zahl der Mittelungen pro Verzögerungsschritt auf 200 reduziert und dafür mehrere Transienten nacheinander aufgenommen, um eine evtl. Degradation der Probe auf der Minuten-Zeitskala zu detektieren. Dabei wurden weder die Intensität des 258nm-Anregungspulses noch die Stelle, an der Anregungs- und Abfrage-Pulse die Probe durchstrahlen, geändert. Im Rahmen der Messgenauigkeit wurden keine Veränderungen der Transienten innerhalb der für diese Untersuchungen relevanten Zeitskala (einige Minuten) beobachtet (s. a. Abbildung 4.3).

Darüber hinaus wäre es möglich, dass während der Messungen Teilchen aus dem Probevolumen hinaus- bzw. hineindiffundieren. Wäre diese Diffusion schnell genug, könnte das zu einem Probenaustausch führen und somit eine Photostabilität des Clusters vortäuschen. Dies kann aber durch folgende Abschätzung ausgeschlossen werden: Mit Hilfe des Diffusionskoeffizienten D_{THF} für die Eigendiffusion des Lösungsmittels THF erhält man eine untere Zeitgrenze für den Austausch der Moleküle (kugelförmig) im Probevolumen. Für diesen Fall beträgt die mittlere Verschiebung λ_x in einer Richtung (hier x) gemäß der Einstein-Smoluchowski-Beziehung:[25]

$$\lambda_x = \sqrt{2D_{THF} \cdot t} \tag{4.1}$$

Wird für D_{THF} ein Wert von ca. 10^{-5} cm^2/s angenommen,[26] erhält man bei einer Messzeit von maximal 5 Minuten (s. Abb. 4.3) eine zurückgelegte Wegstrecke von durchschnittlich 0,8 mm. Dies ist deutlich weniger als der Durchmesser des Pumppulses von etwa 3 mm. Das bedeutet, dass selbst nach Aufnahme der gesamten Transienten der Probenaustausch durch Diffusion nicht signifikant ist. Daher kann angenommen werden, das die Germaniumcluster während der Ultrakurzzeitmessungen photostabil sind.

4.3. Ergebnisse und Diskussion

4.3.1. Messungen von 500 nm bis 1580 nm

Der in THF gelöste Germaniumcluster wurde bei 258 nm angeregt und zwischen 500 und 1580 nm abgefragt. Die Ausgangskonzentration der Germaniumverbindung betrug etwa 1 μmol/L und nahm innerhalb des Untersuchungszeitraums kontinuierlich ab (s. Abb. A.1 im Anhang). Abbildung 4.4 zeigt die transienten Antworten des Clusters nach Anregung mit 258 nm. Die Transienten sind zum besseren Vergleich alle auf ihren jeweiligen ΔOD-Wert bei 10 ps normiert.

Mehrere Dinge sind bei der Betrachtung des Schaubildes zu erwähnen. Bei Abfragewellenlängen im sichtbaren Bereich des Spektrums ist um den zeitlichen Nullpunkt herum ein zusätzlicher Korrelationspeak zu sehen, der sich dem Lösungsmittel THF zuordnen lässt (s. auch Abb. A.3 im Anhang). Über eine [1+1]-Photoabsorption wird das THF über die Ionisationskante hinaus angeregt. Zu kurzen Zeiten lassen sich daher aufgrund der Überlagerung der Signale durch den Kohärenzpeak keine Aussagen über eine eventuell vorhandene schnelle Clusterdynamik treffen. Zu längeren Abfragewellenlängen hin

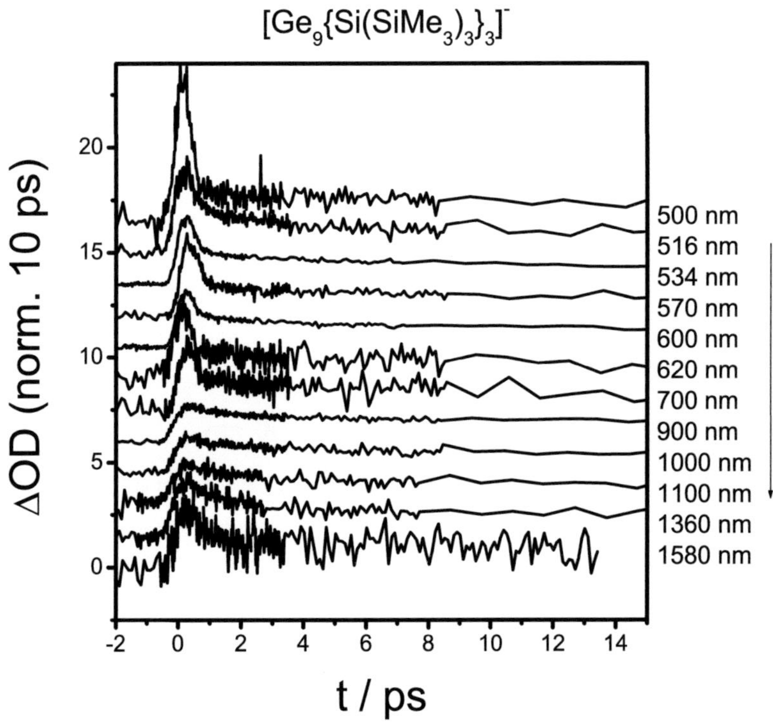

Abbildung 4.4.: Germaniumcluster in THF nach Anregung bei 258 nm. Abgefragt wurde zwischen 500 und 1580 nm. Alle Transienten sind auf ihre jeweilige Signalhöhe bei 10 ps normiert.

wird der Korrelationspeak immer kleiner und ab 900 nm ist eine zusätzliche Komponente im ΔOD-Signal zu sehen, die innerhalb von 2 bis 3 ps abfällt. Generell erhält man bei allen Abfragewellenlängen zwei Zeitkonstanten, die einer Clusterdynamik zugeordnet werden können. Die kurze Zeitkonstante, τ_1, liegt im Bereich von 1 bis 6 ps und die lange, τ_2, in der Größenordnung von einigen hundert Pikosekunden (s. Tabelle A.1 im Anhang).

Für das unterschiedliche Signal-zu-Rausch-Verhältnis in Abbildung 4.4 gibt es mehrere Gründe. Zum Einen nahm die Signalintensität, je mehr im infraroten Bereich abgefragt wurde, stark ab. Oberhalb von 1580 nm war kein Signal mehr detektierbar. Zum Anderen nahm die Konzentration des Germaniumclusters im Verlauf der Messzeit von etwa 1 μmol/L (z.B. Transiente bei 258/534 nm in Abb. 4.4) auf etwa 0,5 μmol/L (z.B. Transiente bei 258/500 nm in Abb. 4.4) kontinuierlich ab, was ebenfalls dazu führte, dass die Signale kleiner und das Signal-zu-Rausch-Verhältnis schlechter wurde. Die Konzentrationsabnahme scheint altersbedingte Unterschiede in der Dynamik zu kurzen Zeiten hervorzurufen. Handelt es sich bei dem Prozess, der diese Dynamik hervorrufen könnte, zum Beispiel um eine bimolekulare Reaktion, so verlangsamt sich dieser mit abnehmender Konzentration. Bei 258/500 nm wurde zum Beispiel keine schnelle zeitliche Komponente detektiert.

Die Germaniumcluster/THF-Probe zeigt über den gesamten sichtbaren bis infraroten Bereich des Abfragepulses ein transientes Absorptionssignal ohne eine sonderlich ausgeprägte wellenlängenabhängige Dynamik. Bei Betrachtung des statischen Absorptions-Spektrums des Clusters (vgl. Abb. 4.2), sieht man in diesem Bereich (500 - 1600 nm) nur eine geringe Absorption. Es gibt keine Absorptionsbanden, die die Existenz höherer Zustände anzeigen und so Hinweise auf Übergänge geben können, die in Resonanz mit dem Abfragepuls stehen. Es liegt also nahe, den zeitabhängigen Absorptionssignalen transiente Spezies zuzuordnen, die erst nach Bestrahlung mit dem Anregungspuls entstehen. Da der Cluster anionisch ist (mit Li^+ als Gegenion), lässt sich die Vermutung aufstellen, dass durch den 258nm-Anregungspuls nascente Elektronen generiert werden, die mehr oder weniger weit in das Lösungsmittel THF hineindiffundieren. Daher wurden zusätzlich zeitaufgelöste Untersuchungen an Systemen durchgeführt, in denen solvatisierte Elektronen erzeugt werden und qualitativ mit den Messungen am Cluster verglichen.

4.3.2. Solvatisierte Elektronen

Dieser Abschnitt soll einen kurzen Überblick über die Eigenschaften solvatisierter Elektronen geben, da diese eine entscheidende Rolle bei der nachfolgenden Analyse der Absorbanz-Zeit-Profile der Germaniumcluster spielen.

Solvatisierte Elektronen können sowohl in polaren Lösungsmitteln wie Wasser und Alkoholen als auch in unpolaren Lösungsmitteln wie THF gebildet werden. Das Lösemittel bildet dabei eine Solvathülle um das Elektron und wirkt stabilisierend. In kondensierter Phase ist die Umgebung des Solvens ein wichtiger Faktor, d.h. durch die Wahl des Lösungsmittels kann man entscheidend in einen ablaufenden Prozess eingreifen. Im Unterschied zu Reaktionen in der Gasphase, die von der Stoßhäufigkeit der Reaktanden abhängig sind, sind in Lösungen auch die Eigenschaften des Lösungsmittels wichtig, da Lösungsmittel und Solvens sich gegenseitig beeinflussen.

Solvatisierte Elektronen können direkt durch Ionisation des Lösemittels aufgrund von Multiphotonenabsorption von UV- oder sichtbarer Strahlung erzeugt werden. Sie entstehen aber auch über Absorption eines einzelnen UV-Photons geeigneter anionischer Verbindungen. Ob das nascente Elektron vom Lösungsmittel selbst oder durch darin enthaltene Anionen gebildet wird, hängt von der Intensität des Generierungspulses ab.[27] Das Elektron wird in beiden Fällen vom Muttermolekül abgelöst und mehr oder weniger weit ins Lösungsmittel ausgestoßen, wobei eine Thermalisierung zwischen Elektron und Lösungsmittel stattfindet. Das Elektron „gräbt sich sein Loch", d.h. es wird durch die umliegenden Lösemittelmoleküle stabilisiert. Je besser das Elektron durch den Lösemittelkäfig stabilisiert ist, desto länger dauert die geminale Rekombination zurück in den neutralen Ausgangszustand. Die Einfangreaktion ist aber auch durch die „Einfangqualitäten" des Muttermoleküls oder anderer, sich in der Lösung befindender Moleküle oder Ionen abhängig.

Regt man Iodidionen in Lösung mit geeigneter UV-Strahlung an, wird Ladung vom Anion zum umgebenden Lösungsmittel übertragen:

$$I^- \xrightarrow{\text{h}\nu} I^{-*} \xrightarrow{\text{CTTS}} e^-_{solv} + I \qquad (4.2)$$

Das geschieht über einen sogenannten Ladungstransfer-Zustand (CTTS, engl.: Charge-Transfer-to-Solvent). Das Valenzelektron, das im Grundzustand durch die Kernanziehung gebunden ist, wird in diesem angeregten Zustand nur noch durch die Polarisation des Lösungsmittels in Kernnähe gehalten. Durch Lösungsmittelfluktuationen entsteht dann ein solvatisiertes Elektron.[28]
Iodide werden in Form ihrer Salze im jeweiligen Lösungsmitteln gelöst. In relativ unpolaren Lösungsmitteln wie THF können diese Salze eine starke Ionenpaarung aufweisen und die positiv geladenen Gegenionen des I^- einen nicht unwesentlichen Einfluss auf das Relaxationsverhalten des solvatisierten Elektrons nehmen. Bragg et al. führten Ultrakurzzeit-Untersuchungen an Iodiden in THF durch[28, 29] und konnten durch Variation des Gegenions den Einfluss herausarbeiten, den das Kation auf das zeitliche Verhalten der solvatisierten Elektronen in THF besitzt. Abhängig von der Polarität des Lösungsmittels kann es zur Bildung von „freien" (solvatisierten) Elektronen oder sogenannten (solvatisierten) Kontaktionenpaaren kommen. Mit Na^+ als Gegenion kommt es zur Bildung des Kontaktionenpaars $(Na^+, e^-)_{THF}$, das bei etwa 1200 nm sein Absorptionsmaximum hat. Bei Komplexierung des Gegenions mit einem geeigneten Kronenether wurde dagegen das praktisch freie solvatisierte Elektron (e_{solv}) detektiert, welches in THF bei ungefähr 820 nm seine maximale Absorption hat.
In THF stellt sich in Bezug auf den Germaniumcluster also nicht nur die Frage, ob solvatisierte Elektronen gebildet werden, sondern auch, ob das nascente

Elektron die Chance hat, von der nunmehr radikalischen Clustereinheit weg-zukommen, um sich im Lösungsmittel zu stabilisieren oder auch zu einem gewissen Prozentsatz Kontaktionenpaare auszubilden.

4.3.3. Vergleichsmessungen

Anhand von Vergleichsmessungen mit Iodidsalzen in THF soll nun geklärt werden, ob bei den vorgestellten Untersuchungen die Dynamik des Germa-niumclusters von derjenigen solvatisierter Elektronen überlagert wird. Das Gegenion des anionischen Clusters ist Li^+; die Vergleichsmessungen wurden sowohl mit Na^+, dessen Ultrakurzzeitdynamik in THF literaturbekannt ist sowie Li^+ als Gegenionen durchgeführt. Ein wichtiger Faktor ist z.B. der Ab-stand zwischen Li^+ und der radikalischen Clusterkomponente, welcher erhebli-chen Einfluss auf die mögliche Bildung von Kontaktionenpaaren $(Li^+, e^-)_{THF}$ nehmen sollte.

Da aus der Literatur keine Messungen mit Lithiumiodid in THF zur Erzeu-gung solvatisierter Elektronen bekannt sind, wurden sowohl Messungen mit NaI als auch mit LiI in THF ausgeführt. Abbildung 4.5 zeigt die gemessenen transienten Spektren von NaI in THF. Um die bei unterschiedlichen Abfrage-wellenlängen (534 nm – 1580 nm) detektierten Transienten besser miteinander vergleichen zu können, wurden sie auf ihren jeweiligen Wert bei 10 ps Verzö-gerungszeit normiert. Die Anregung erfolgt mit 258 nm in den CTTS-Zustand des Iodidions. Bei kleinen Abfragewellenlängen ist - wie bei den Transienten des Germaniumclusters (s. Abb. 4.4) - bei Zeiten um den experimentellen Nullpunkt ein Korrelationspeak bei kleinen Abfragewellenlängen (534 nm – 620 nm) zu erkennen, der seinen Ursprung im Lösungsmittel hat. Die sich anschließende transiente Absorption bleibt bis zu einer Abfragewellenlänge von 1100 nm annähernd konstant, erst ab 1350 nm wird eine zeitliche Ab-nahme des ΔOD-Signals detektiert. Wie im vorherigen Abschnitt erwähnt, unterscheiden sich die Absorptionsmaxima von e_{solv} ($\lambda_{max} \approx 820$ nm) und $(Na^+, e^-)_{THF}$ ($\lambda_{max} \approx 1200$ nm) voneinander, so dass die transienten Ant-

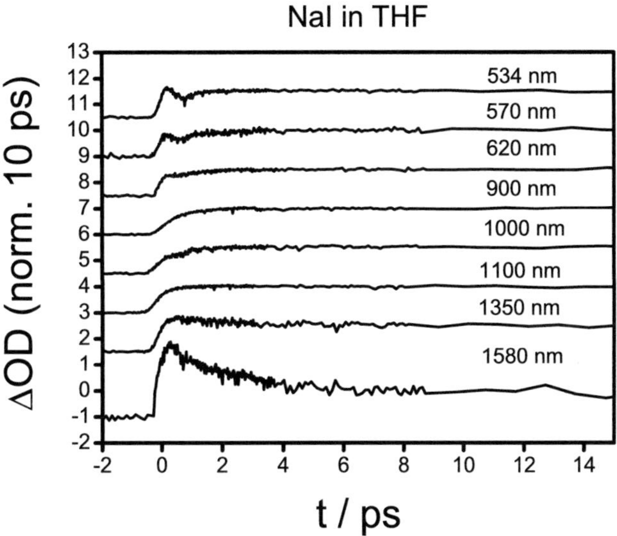

Abbildung 4.5.: Absorbanz-Zeitprofile nach Anregung von Natriumiodid in THF bei 258 nm. Abgefragt wurde zwischen 534 und 1580 nm. Alle Signale sind auf ihre jeweilige Signalhöhe bei 10 ps normiert.

worten bei Wellenlängen im sichtbaren Bereich eher e_{solv}-Dynamik und im infraroten eher die Dynamik des Kontaktionenpaars widerspiegeln. Von etwa 1100 bis 1580 nm ist in Abbildung 4.5 innerhalb der ersten 500 fs also die Bildung des solvatisierten Elektrons zu sehen, dessen transiente Absorption dann aufgrund des Elektroneneinfangs durch Na^+ zu längeren Verzögerungszeiten wieder abnimmt. Bei Abfragewellenlängen von 534 bis 1000 nm sind dagegen hauptsächlich die Bildung sowie das zeitliche Verhalten des freien solvatisierten Elektrons zu sehen, deshalb bleibt das transiente Absorptionssignal auch zu längeren Verzögerungszeiten hin konstant. Bragg et al. fanden heraus, dass etwa 90 % der Elektronen aus dem CTTS-Zustand von Na^+-Ionen eingefangen werden, und $(Na^+, e^-)_{THF}$-Paare bilden, wobei die Na^+-Ionen sich in 1 – 2 nm Entfernung zu den nascenten Elektronen befinden.

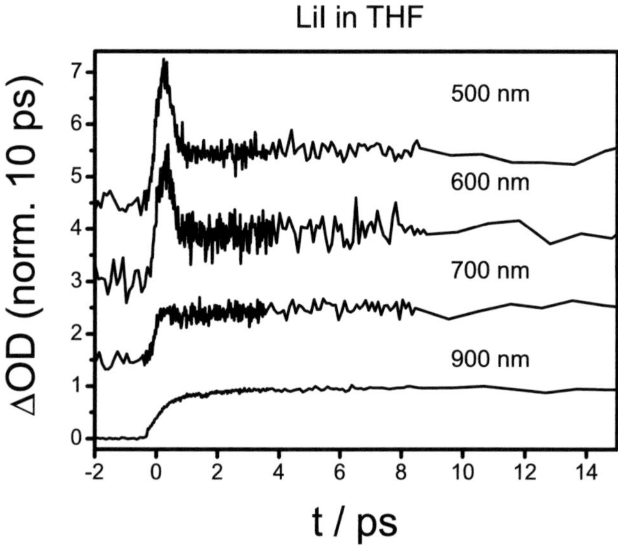

Abbildung 4.6.: Absorbanz-Zeitprofile nach Anregung von Lithiumiodid in THF bei 258 nm. Die Abfragewellenlänge variierte zwischen 500 und 900 nm. Alle Signale sind auf ihre jeweilige Signalhöhe bei 10 ps normiert.

Ein Vergleich der Abbildungen 4.5 und 4.6 zeigt im Abfragewellenlängenbereich zwischen 500 und 900 nm einen ähnlichen Verlauf für NaI bzw. LiI in THF. Die transienten Antworten des neunkernigen Germaniumclusters wiesen in Vergleich zu denen des Lithiumiodids im gesamten Abfragewellenlängenbereich einen Abfall des Absorptionsprofils auf. Im Bild des solvatisierten Elektrons würde das bedeuten, dass das nascente Elektron nahe am Cluster lokalisiert ist und auf einer 100 Pikosekundenzeitskala geminale Rekombination zu beobachten ist. Durch die Nähe des Li^+-Ions zum Cluster kann möglicherweise auch ein Teil der Elektronen eingefangen werden und ein Kontaktionenpaar $(Li(THF)_3^+, e^-)_{THF}$ bilden.

Abbildung 4.7 zeigt die Struktur des ligandenstabilisierten neunkernigen Germaniumclusters mit dem $Li(THF)_3^+$-Gegenion, das sich oberhalb der nackten

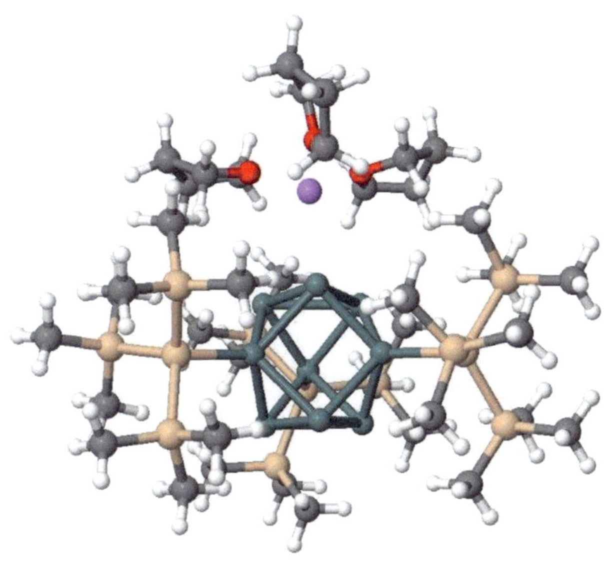

Abbildung 4.7.: Struktur von $\left[Ge_9\left\{Si\left(SiMe_3\right)_3\right\}_3\right]Li\left(THF\right)_3$.[24] Das $Li(THF)_3^+$-Ion befindet sich oberhalb der Molekülebene und bindet direkt an den Cluster.

Germaniumatome des Clusterkerns befindet. DFT-Rechnungen (BP86(SV(P)) zufolge hat der Germaniumcluster eine ungefähre Länge von 1,4 nm, mit einer Höhe von etwa 800 pm, wie in dem Kalottenmodell des Clusters in Abbildung 4.8 dargestellt. Der Clusterkern selbst ist etwa 350 pm hoch und 370 pm breit, der Abstand zwischen dem Li^+-Ion und den nächsten nackten Germaniumatomen beträgt zwischen 308 und 351 pm.[24] Da sich die Aufenthaltswahrscheinlichkeit der negativen Ladung auf die nackten Germaniumatome des Clusterkerns beschränkt, ist es vorstellbar, dass man einen gerichteten Elektroneneinfang in Richtung des Li^+-Ions erhält. Unter der Annahme, dass durch Anregung mit 258 nm aus dem Cluster Elektronen erzeugt werden,

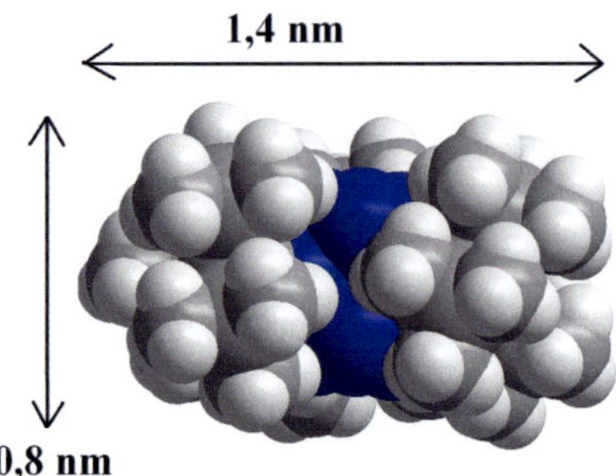

Abbildung 4.8.: Kalottenmodell des Germaniumclusters.[24] Die Pfeile stellen die ungefähren Längenverhältnisse dar.

kommt man durch eine kurze Überschlagung der Konzentrationsverhältnisse zwischen den in THF gelösten Iodid und dem Germaniumcluster zu dem Ergebnis, dass solvatisierte Elektronen in einem Konzentrationsbereich von etwa 10^{-9} mol/L erzeugt werden, was den Cluster zu einer relativ guten Elektronenquelle macht.

Eine andere mögliche Interpretation der gemessenen Transienten wäre die Dynamik im Cluster selbst. Der Cluster ergibt durch UV-Bestrahlung eine radikalische Spezies und könnte so über Innere Konversion in den schwingungsheißen Grundzustand des $\left[Ge_9\left\{Si\left(SiMe_3\right)_3\right\}_3\right]^-$-Ions übergehen. Hätte man eine schwingungsheiße Germaniumverbindung, so ließe sich die kleinere der beiden Zeitkonstanten als Schwingungsrelaxation in den Grundzustand interpretieren. Allerdings müsste die Zeitkonstante τ_1 dann von der Abfragewellenlänge abhängig sein, was hier allerdings nicht zu beobachten war.

Zusammenfassend lässt sich sagen, dass die Interpretation der gemessenen Absorbanz-Zeit-Profile eine Elektronendynamik aufgrund der Anregung des neunkernigen Germaniumclusters zulässt. Das Besondere an der Clusterverbindung ist, das eine gerichtete Übertragung des Elektrons vom Clusterkern zum Li$^+$-Ion stattfinden kann. Die Distanz im Bereich von 350 pm ist dabei klein im Vergleich zum Einfangradius von 1 bis 2 nm im System $(\mathrm{Na}^+\mathrm{I}^-)_{THF}$.

38

5. Vierkernige Lanthanoidkomplexe

5.1. Einleitung und Zielsetzung

Seit man vor ungefähr 70 Jahren entdeckte, dass bestimmte elektronenreiche organische Liganden die Fluoreszenzquantenausbeute von Übergängen zwischen den 4f-Zuständen des trivalenten Europiums erheblich verbessern,[30] wurde diese Kenntnis dazu benutzt, um Fluoreszenzübergänge über das gesamte sichtbare Spektrum bis in den Infrarotbereich durch die Synthese zahlreicher neuer Lanthanoidchelatverbindungen zu erschließen. Zum Beispiel fluoreszieren Chelatverbindungen des Terbiumions bei ca. 480 nm, während hingegen das Er^{3+}-Ion Lumineszenz zwischen 1500 und 1600 nm aufweist.[31] Die Aufklärung der Mechanismen, die in diesen Verbindungen den intramolekularen Energietransfer zwischen Liganden und den Lanthanoiden begünstigen, ist daher von großem Interesse.

Mit den Chelaten der Seltenen Erden erschließt sich ein Verbindungstyp, der bereits Verwendung in vielen Bereichen der Technik findet, wie zum Beispiel in Materialien für Leuchtdioden oder Solarzellen,[3,4] welche sich unter dem Begriff LCMD (engl.: Light Converting Molecular Devices)[6] zusammenfassen lassen, oder auch als Tracermoleküle in der Biochemie.[5] Erste ausführliche Studien über die Klasse der Lanthanoidkomplexe wurden in den 60er Jahren des vorigen Jahrhunderts angefertigt,[32,33] aber bis heute bieten die verschiedenen Energietransfermechanismen Raum zur Diskussion.[3,34,35] Zeitaufgelöste Femtosekundenexperimente an Seltenerdverbindungen können deshalb dazu beitragen, die Mechanismen des Energietransfers von den sensibilisierenden Liganden zu den zentralen Metallen aufzuklären. In der vorliegenden Arbeit werden erstmals zeitaufgelöste Anregungs-Abfrage-Experimente an vierkernigen Neodym- sowie Praseodymkomplexen gezeigt.

5.2. Grundlagen

5.2.1. Lanthanoide

Unter dem Begriff Lanthanoide sind die 14 Elemente zusammengefasst, die im Periodensystem auf das Lanthan folgen. Häufig wird das Lanthan selbst und – wegen ähnlicher chemischer Eigenschaften – das Element Yttrium hinzu gezählt. In verkürzter Schreibweise bedient man sich oft der an ein Elementsymbol erinnernden Bezeichnung Ln, wenn man sich auf die Lanthanoidgruppe im Allgemeinen bezieht. Ältere Bezeichnungen sind Lanthanide sowie Seltene Erden. Anders als der Name „Seltene Erden" impliziert, sind die Vertreter dieser Gruppe in der Erdkruste häufiger aufzufinden als viele andere Elemente. So ist zum Beispiel das zweitseltenste Lanthanoid, das Europium, mit $0{,}99 \cdot 10^{-9}$ Gewichtsprozent immer noch häufiger als Gold oder Platin.[36] Der Name ist dadurch entstanden, dass die ersten Lanthanoide zuerst in seltenen Mineralien entdeckt und in Form ihrer Oxide, früher auch Erden genannt, isoliert wurden. Sie zählen zu den Übergangsmetallen und sind in ihren Verbindungen am häufigsten in der Oxidationsstufe +3 anzutreffen, im Gegensatz zu den Übergangsmetallen der Nebengruppe, bei denen die Oxidationszahl variabel ist.[37] Anders als Ln^{3+}-Ionen sind Ln^{2+}-Ionen in Lösung nicht stabil.[37] Aufgrund ihrer Lumineszenzeigenschaften im sichtbaren und infraroten Bereich sind sie häufig in Laserapplikationen anzutreffen. So wurden zum Beispiel für die in dieser Arbeit durchgeführten Femtosekunden-Messungen ein mit Er^{3+}-Ionen dotierter Faseroszillator sowie ein Nd:YAG-Laser verwendet (s. Kap 3.4.1). Lanthanoide besitzen – begründet durch ihren atomaren Aufbau – ähnliche chemische Eigenschaften. Die 4f-Elektronen, die in der Lanthanoidenreihe sukzessive von Cer nach Ytterbium aufgefüllt werden, sind teilweise durch die 5s- und 5p-Orbitale abgeschirmt, so dass sie nicht direkt an Bindungen teilhaben. Durch die Kernnähe verkleinert sich zudem von Lanthan nach Lutetium der Lanthanoidenradius. Dieser Effekt ist bekannt unter dem Begriff Lanthanoidenkontraktion. Die ähnlichen Eigenschaften benachbarter Elemente in dieser Gruppe resultieren also hauptsächlich aus ihrer ähnlichen Größe und der häufig vorliegenden Oxidationsstufe +3.

5.2.2. Ligandeneinfluss

Ligandenaustauschreaktionen laufen bei Lanthanoidkomplexen in Lösung im Allgemeinen schnell ab. Organometallische Verbindungen besitzen meist einen ionischen Charakter und ihre Liganden elektronegative Donoratome wie zum Beispiel Sauerstoff.[37] Somit können Ln^{3+}-Ionen als harte Lewissäuren betrachtet werden, die harte Lewisbasen wie Sauerstoff als Elektronendonoren bevorzugen. Kovalente Bindungen zwischen Ligand und Metall sind seltener. Der Grundzustand der Seltenerdelemente wird von den Liganden kaum beeinflusst, d.h. Kristallfeldaufspaltungen sind nur schwach ausgeprägt, da die 4f-Elektronen durch die gefüllten 5s- und 5p-Orbitale abgeschirmt werden. Die Kristallfeldaufspaltung liegt in der Größenordnung von 100 cm^{-1}.[36] Die elektronischen Spektren der Lanthanoidverbindungen ähneln denen der ungebundenen Ionen (in der Gasphase), im Gegensatz zu vielen anderen Beispielen in der Übergangsmetallchemie, bei denen die Liganden einen erheblichen Einfluß auf die d-d-Übergänge der Metallzentren nehmen können. Die Kristallfeldaufspaltungen können als Störung der entarteten $^{2S+1}L_J$-Niveaus aufgefasst werden.

5.2.3. Elektronische Eigenschaften der Lanthanoidionen

Die $[Xe]4f^n$-Konfiguration erzeugt eine große Anzahl an elektronischen Zuständen, die durch die Beziehung $14!/[n!(14-n)!]$ ermittelt werden kann.[31] Für die Nd^{3+}- und Pr^{3+}-Ionen ergibt sich so eine Anzahl von 364 bzw. 91

elektronischen Niveaus, von denen viele jedoch aufgrund des Paritätsverbots spektroskopisch dunkel sind. Generell können die f–f-Übergänge durch elektrische sowie magnetische Dipolstrahlung angeregt werden. Magnetische Dipolübergänge sind im Gegensatz zu den elektrischen Dipolübergängen paritätserlaubt. Die Laporte-Auswahlregel verlangt für einen elektronischen Dipolübergang, dass sich die Summe der beteiligten Drehimpulsquantenzahlen um eine ungerade ganze Zahl ändert, da nur die Änderung der Parität für eine dipolare Umgebung sorgt. Daher sind Übergänge zwischen Energieniveaus gleicher Parität verboten. Durch Wechselwirkung des Ln^{3+}-Ions mit seiner Umgebung (z.B. in Gläsern oder in Verbindungen) kann das Paritätsverbot jedoch gelockert werden. Die permanente Symmetrieerniedrigung zum Beispiel, die ein asymmetrisches Ligandenfeld bewirkt, kann dazu führen, dass Beiträge von elektronischen Zuständen anderer Parität (z.B. d-Orbitale) zu den f-Orbitalen mischen und so die Intensität dieser Übergänge erhöhen. Die elektrischen Dipolübergänge liegen somit etwa in der gleichen Größenordnung wie die magnetischen.[3] Ladungstransfer-Übergänge (CT, engl.: Charge Transfer) sind ebenfalls paritätserlaubt und werden im Allgemeinen bei Wellenlängen < 200 nm detektiert.[3]

5.2.4. Antenneneffekt

Die im sichtbaren und infraroten Bereich liegenden Übergänge zwischen 4f-Niveaus geeigneter Seltener Erden bieten zwar Zugang zu Wellenlängen mit zahlreichen Einsatzgebieten in der Technik,[5,38,39] aufgrund der schwachen Oszillatorstärken ist eine direkte Anregung dieser 4f–4f-Übergänge jedoch nicht sehr effektiv. Da die Extinktionskoeffizienten dieser Übergänge in der Regel kleiner als 1 $L \cdot mol^{-1} \cdot cm^{-1}$ sind, fällt die Lumineszenzquantenausbeute sehr gering aus. Umgibt man das Lanthanoidion jedoch mit geeigneten organischen Liganden, die sich durch große Extinktionskoeffizienten im nahen UV-Bereich des elektromagnetischen Spektrums auszeichnen, können diese Anregungsenergie aufnehmen und an das Metallion übertragen (Antenneneffekt). Als sensibilisierende Liganden werden oft Farbstoffmoleküle wie zum Beispiel Porphyrine[40–42] verwendet, welche man dann als Antennenchromophore bezeichnet.

Die Übertragung der Energie von den organischen Liganden zum Metallzentrum kann sehr komplex sein und über verschiedene elektronische Zustände sowohl des Liganden als auch des Seltenerdmetalls stattfinden. Der in der Literatur am häufigsten diskutierte Energieübertragungsmechanismus ist in Abbildung 5.1 dargestellt. Er verläuft ausgehend vom ersten angeregten Liganden-Singulett-Zustand S_1 über den ersten angeregten Liganden-Triplett-Zustand T_1 zu den 4f-Energieniveaus der Lanthanoidionen.[43–46] Entweder erfolgt die Lumineszenz direkt aus dem Akzeptorniveau des Ln-Ions oder das Niveau, von dem aus ein Übergang stattfinden kann, wird über innere Konversion (IC, engl.: Internal Conversion) unter Abgabe seiner überschüssigen Energie an das Medium bevölkert. Die meisten experimentellen Arbeiten befürworten den Weg über den Triplettzustand des Antennenchromophors. Es gibt jedoch auch Hinweise auf einen direkten Energietransfer vom angeregten Singulettzustand der Liganden zum Ln-Ion.[33,47,48] Messungen, die auf diesen Pfad hindeuten, wurden bis jetzt jedoch nur an Eu^{3+}- und Tb^{3+}-Verbindungen durchgeführt.[49,50] Darüber hinaus gibt es Hinweise auf die Vermittlung des Energietransfers via Ligand-zu-Metall-Ladungs-Transfer-Zuständen[35,51] (LMCT, engl.: Ligand to Metal Charge Transfer) oder Intra-Ligand-Ladungstransfer-Zuständen[3] (ILCT, engl.: Intra Ligand Charge Transfer).
Zusammenfassend lässt sich sagen, dass es in diesen komplexen Systemen schwierig ist, anhand von experimentellen Daten Aussagen über die beteiligten Liganden- und Ln-Zustände zu machen; und so ist der genaue Mechanismus oft unklar. Sowohl die Ligandenzustände, in die angeregt werden kann (S_1, S_2), als auch durch IC oder Interkombination (ISC, engl.: Intersystem Crossing) erreichbare Ligandenzustände (T_1, T_2, ILCT) können als Donorzustände für den Energieübertrag zu den Akzeptorniveaus des Lanthanodiions dienen. Darüber hinaus gibt es auch Zustände, die der gesamten Komplexver-

bindung zugeordnet werden können (LMCT), die ebenfalls als Donorzustände fungieren können. Alle Energietransfer-Prozesse (IC, ISC, ET) konkurrieren miteinander. Welcher Prozess dominiert, hängt davon ab, in welchen Zustand die Anregung erfolgt und wie die Lage der Energieniveaus zueinander ist. LMCT- und ILCT-Zustände führen, da sie selbst fluoreszieren, ebenfalls zur Lumineszenzlöschung der Ln^{3+}-Levels.

Im Folgenden soll der Transfermechanismus über den ligandenzentrierten T_1-Zustand näher betrachtet werden. Die Eigenschaften der Liganden beeinflussen im großem Maß die Güte des Energietransfers. Die Lage der beteiligten Ligandenenergieniveaus relativ zum 4f-Niveau des Lanthanoidions, welches die Energie aufnimmt, bestimmt, wie quantitativ und schnell die Energie übertragen wird (s. Abbildung 5.1).
Anregung findet gewöhnlich in den ersten angeregten Singulettzustand statt (in der Regel ist der Grundzustand ein Singulett). Von hier aus existieren für das Molekül verschiedene Möglichkeiten, zurück in den Grundzustand zu gelangen: Aus dem S_1-Zustand kann die Energie sowohl über strahlungslosen Zerfall oder Emission in den Grundzustand zurückrelaxieren als auch durch Interkombination in den ersten angeregten Triplettzustand T_1 gelangen. T_1 kann durch strahlungslose Prozesse wie Quenchen bzw. Schwingungsrelaxation oder auch durch Phosphoreszenz depopuliert werden. Eine weitere Möglichkeit der Relaxation stellt der intramolekulare Energietransfer zu den Akzeptorniveaus des Seltenerdmetalls dar, die die resonanten Zustände des Lanthanoidions über innere Konversion populieren. Die resonanten 4f-Energieniveaus sind die Zustände, von denen aus Fluoreszenz bzw. Phosphoreszenz in niedrigere 4f-Niveaus stattfinden können. Je größer der Abstand zwischen den beiden resonanten Zuständen ist, desto größer ist auch die Wahrscheinlichkeit der Lumineszenzauslöschung z.B. durch das Lösungsmittel. Der Energieaustausch zwischen Ligand und Metall kann nach der Theorie von Dexter beschrieben werden[52] und ist umso effizienter, je besser die Orbitale von Donor (Ligand) und Akzeptor (Lanthanoid) überlappen. Temperaturabhängige Mes-

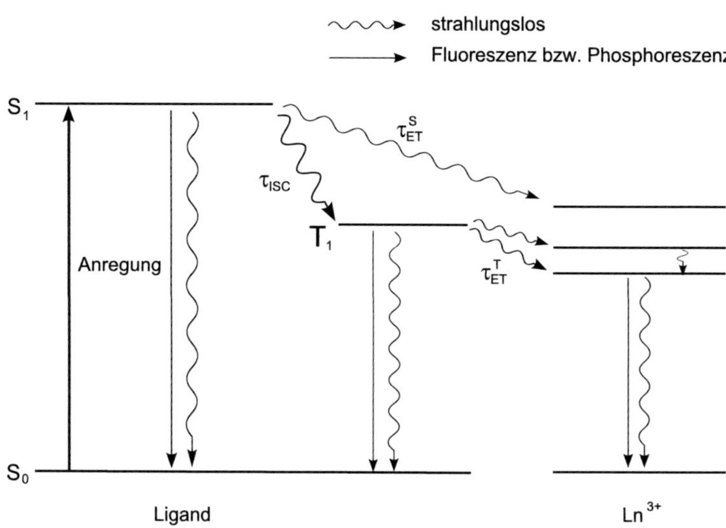

Abbildung 5.1.: Schematische Darstellung des Antenneneffekts. Eingezeichnet sind nur die elektronischen Niveaus. Schwingungs- und Rotationsnivieaus wurden aus Übersichtsgründen weggelassen. Ln^{3+} steht allgemein für ein Lanthanoidion. Der nach oben gerichtete Pfeil zeigt laserinduzierte Anregung in höhere Liganden-Singulett-Zustände an. τ_{ISC}, τ_{ET}^{S} und τ_{ET}^{T} sind die Zeitkonstanten für Interkombination bzw. Energietransfer vom Ligand zum Metall.

sungen haben gezeigt, dass der Energietransfer von Ligand zu Lanthanoidion bei tiefen Temperaturen effizienter ist,[49] was auf einen Energierücktransfer aufgrund von thermischer Desaktivierung hindeutet.[53] Sowohl der Dexter-Energietransfer als auch die thermische Desaktivierung sind abhängig vom energetischen Abstand zwischen Liganden-T_1-Zustand und dem 4f-Niveau des Lanthanoids, welches die Energie aufnimmt. Auch der räumliche Abstand zwischen Liganden und Metallzentrum spielt eine wichtige Rolle, nicht nur für die Überlappung der Orbitale beim Dexter-Energietransfer sondern auch für die Effizienz und die Übertragungsrate k_{ISC} der Interkombination, die durch die Nähe des schweren Ln-Ions maximiert werden (heavy atom effect).[44, 54]

Die Fluoreszenzquantenausbeute der f–f-Übergänge ist daher abhängig vom Extinktionskoeffizienten der Liganden und vom Energieunterschied zwischen Triplettzustand T_1 des Liganden und emittierendem Ln^{3+}-Zustand und ist somit das Resultat aus dem Gleichgewicht zwischen Absorption, strahlungslosem Zerfall, Interkombination, Ligand-zu-Metall-Energietransfer und Emissionsraten der beteiligten Zustände.[55] Sowohl die Zeitkonstante für die Interkombination, τ_{ISC}, als auch die Zeitkonstante für den Energietransfer zwischen Ligand und Lanthanoidion, τ_{ET}, müssen hinreichend klein sein, um Desaktivierung durch Fluoreszenz oder strahlungsloser Relaxation aus dem S_1-Zustand bzw. Desaktivierung durch Phosporeszenz, strahlungsloser Relaxation oder Quenchen aus dem T_1-Zustand zu unterdrücken. Die Gesamtfluoreszenzquantenausbeute ϕ_{tot} kann dann durch folgenden Ausdruck beschrieben werden:

$$\phi_{tot} = \phi_{ISC} \cdot \phi_{ET}^T \cdot \phi_{Ln}. \tag{5.1}$$

ϕ_{ISC} und ϕ_{ET}^T bezeichnen hierbei die Quantenausbeute der Interkombination bzw. die Quantenausbeute des Energietransfers zwischen ligandenzentriertem T_1-Zustand und Metall. ϕ_{Ln} ist die intrinsische Lumineszenzquantenausbeute und ist über die direkte Anregung in die 4f-Niveaus des Ln^{3+}-Ions definiert. Gleichung 5.1 lässt sich auch allgemeiner fassen:

$$\phi_{tot} = \eta_{sens} \cdot \phi_{Ln}, \tag{5.2}$$

mit η_{sens} als Sensibilitätseffizienz, welche die Vollständigkeit beschreibt, mit der die Energie auf das Lanthanoidion übertragen wird.

5.2.5. Vierkernige Praseodym- und Neodymkomplexe

Untersucht wurden zwei vierkernige Lanthanoidkomplexe der Form $[Ln_4(\mu_3\text{-}OH)_2 - (Ph_2acac)_{10}]$ ($Ph_2acac^- = 1,3$-Diphenyl-1,3-propandionation oder Dibenzoylmethanid (DBM)) mit Neodym bzw. Praseodym als zentrale Metallionen, welche in der Arbeitsgruppe Roesky am Karlsuher Institut für Technologie (KIT) hergestellt und für diese Arbeit zur Verfügung gestellt wurden.

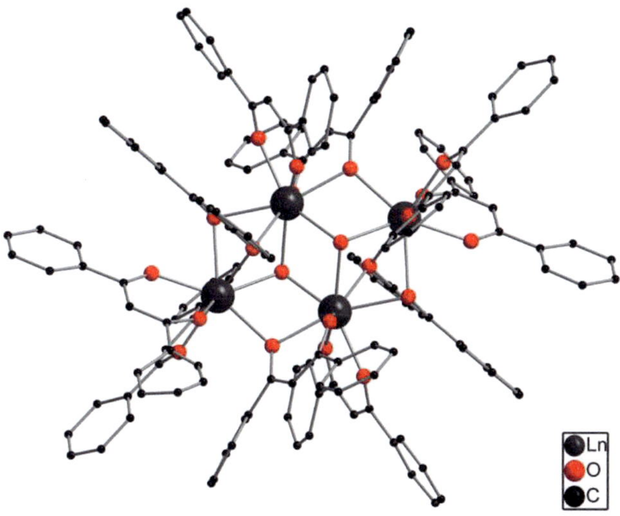

Abbildung 5.2.: Struktur von $[Ln_4(\mu_3\text{-}OH)_2(Ph_2acac)_{10}]$ (fester Zustand). Ln steht für Praseodym oder Neodym. Die Wasserstoffatome sind zwecks Übersichtlichkeit weggelassen.[56]

Obwohl im Allgemeinen der Begriff Cluster verwendet wird, handelt es sich nicht im eigentlichen Sinn um Clusterverbindungen, sondern um mehrkernige Komplexe, da keine direkten Metall-Metallbindungen im Molekül vorhanden sind. Die Ln-Koordinationsverbindungen bestehen vielmehr aus zwei zweikernigen Ln-Einheiten, die jeweils über eine μ_3-Hydroxy-Gruppe miteinander verbrückt sind.[56] Die Peripherie bilden 10 anionische Dibenzoylmethanideinheiten, wie in Abbildung 5.2 zu sehen ist. β-Diketonate zählen zur Gruppe der zweizähnigen Chelatliganden. Die DBM-Liganden sind über ihre beiden Ketosauerstoffatome auf unterschiedliche Weise an die Clustermetalle koordiniert. Sechs Liganden chelatisieren die Clustermetallionen (η^2), zwei weitere sind an jeweils ein Metallion koordiniert und mit einem weiteren über ein

Sauerstoffatom verbrückt ($(\mu\text{-}O)\text{-}\eta^2$), die letzten beiden DBM-Einheiten chelatisieren jeweils 2 Metallionen und sind über die Sauerstoffatome mit zwei weiteren Metallzentren verbrückt ($(\mu\text{-}O)_2\text{-}\eta^2$) (für weitere Details s. [56]).

Praseodym und Neodym sind im Periodensystem benachbart und besitzen mit 99,0 pm (Pr^{3+}) und 98,3 pm (Nd^{3+}) vergleichbar große Atomradien.[37] Der dadurch entstehende Platzanspruch bestimmt, wie viele Zentralatome ein Komplex bei gleichen Liganden besitzt. Die Ähnlichkeit der Radien erklärt also die Tatsache, dass beide Lanthanoide dieselben vierkernigen Komplexe bilden. UV-Vis-Spektren dieser in Methanol gelösten Cluster, wie in Abbildung 5.3 (a) zu sehen, zeigen vor allem ligandenspezifische Absorptionsbanden im nahen UV, da die 4f-Übergänge Laporte-verboten sind und daher sehr kleine molare Extinktionskoeffizienten von unter 1 $L \cdot mol^{-1} \cdot cm^{-1}$ besitzen.[37] Die Absorptionsbande bei 358 nm wird dem Übergang vom Grundzustand S_0 des DBM-Liganden zum ersten angeregten Singulett-Zustand S_1 zugeordnet und die Bande bei 248 nm dem Übergang von S_0 nach S_2. Aufgrund der bereits erwähnten guten Abschirmung der 4f-Orbitale der Lanthanoide sind Form und Lage ihrer Absorptionsbanden nahezu unabhängig von ihrer jeweiligen Umgebung. Abbildung 5.3 (b) zeigt die in Aceton gelösten Chloride des Neodyms bzw. Praseodyms. Diese lösen sich wesentlich besser als die vierkernigen Komplexe und die Konzentration war etwa um ein Zehnfaches höher als die der Ln-Komplexe in Abb. 5.3 (a). Die im Bereich zwischen 300 und 800 nm liegenden 4f-Übergänge sind im Vergleich zu den Anregungsbanden der DBM-Liganden schmalbandig. Die kleinen Halbwertsbreiten und die geringe Intensität der Banden ergeben sich direkt aus dem Umstand, dass die Liganden nur einen geringen Einfluss auf die f-Zustände ausüben. Deshalb werden die Banden weder durch Ligandenschwingungen verbreitert noch wird das Laporte-Verbot sonderlich abgeschwächt.

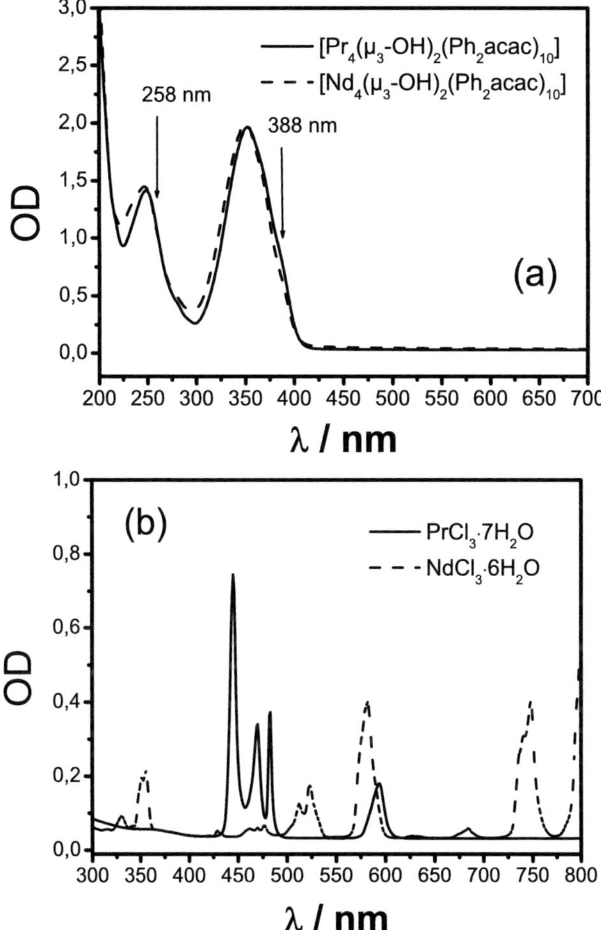

Abbildung 5.3.: (a) UV-Vis-Spektrum von $[Nd_4(\mu_3\text{-}OH)_2(Ph_2acac)_{10}]$ und $[Pr_4(\mu_3 - OH)_2(Ph_2acac)_{10}]$ in Methanol. Die Pfeile bei 258 und 388 nm kennzeichnen die Anregungswellenlängen im zeitaufgelösten Experiment. (b) UV-Vis-Spektrum von $NdCl_3$ und $PrCl_3$ in Aceton.

5.2.6. Fluoreszenzmessungen an Praseodym- und Neodymkomplexen

In der Literatur sind bis jetzt weder an mehrkernigen noch an einkernigen Ln-Komplexen zeitaufgelöste femtosekundenspektroskopische Messungen bekannt. Dagegen wurden Fluoreszenzmessungen an zahlreichen Lanthanoidkomplexen durchgeführt,[43,57–59] da die Lumineszenzeigenschaften bereits vielseitige Anwendungen finden und eine Verbesserung der Quantenausbeute angestrebt wird.

An dem in dieser Arbeit untersuchten vierkernigen Neodym-Cluster wurden bereits Lumineszenzmessungen in einer Polystyrolmatrix durchgeführt[60] und es wurde eine Fluoreszenzbande bei 1055 nm nach Anregung bei 392 nm detektiert. Der große Stokes-Shift resultiert aus dem in Abschnitt 5.2.4 besprochenen Antenneneffekt (man spricht in diesem Fall daher besser von einem pseudo-Stokes-Shift).

Im Falle des vierkernigen Praseodym-Clusters, sind keine derartigen Messungen bekannt. Aufgrund des geringen Einflusses, den die Ligandenorbitale auf die Lage der Energieniveaus der Lanthanoide ausüben, sollte jedoch auch ein Vergleich mit Literaturwerten von Pr-Komplexen mit anderen Liganden als DBM Aufschluss über die Lage der Fluoreszenzbanden geben.

Moore et al.[61] untersuchten beispielsweise einen einkernigen Praseodymkomplex mit 3-Hydroxy-pyridin-2-on-Liganden sowie den entsprechenden Ho^{3+}-Komplex und fanden für beide Spezies durch den Antenneneffekt sensibilisierte Fluoreszenz im nahen Infrarotbereich des elektromagnetischen Spektrums. Die Messungen wurden in gepufferter (pH = 7,4) wässriger Lösung durchgeführt, in der die Komplexe als anionische $[Ln(L)_2]^-$-Spezies vorlagen. Die gemessenen statischen Absorptionsspektren der beiden Verbindungen sind, ebenso wie im Fall der $[Ln_4(\mu_3\text{-}OH)_2(Ph_2acac)_{10}]$-Komplexe, nahezu identisch und zeigen einen breiten durch die Liganden verursachten Absorptionspeak bei 346 nm. Fluoreszenz wurde für den Praseodymkomplex bei ca.

1065 nm detektiert und dem $^1D_2 \rightarrow\,^3F_4$ Übergang im Praseodymion zugeordnet (vgl. Abb. 5.12). Zusätzlich durchgeführte zeitaufgelöste Lumineszenzmessungen im Sichtbaren und nahem Infrarot ergaben für den $^1D_2$-Zustand
eine Lebensdauer von 8 ns.

Davies et al.[62] bestimmten Fluoreszenzlebensdauern ternärer Pr^{3+}- und Nd^{3+}-
Komplexe, welche mit einfach anionischen Polypyrazolylboraten und einer
Dibenzoylmethananideinheit zwei verschiedene Arten von Liganden enthiel-
ten. Da bekannt ist, dass die Vibrationsbewegungen von CH und OH sehr
starke Fluoreszenzquencher darstellen, wurde darauf geachtet, von Seiten der
Liganden keine zusätzlichen CH-Gruppen in der Nähe des Metallzentrums
einzubringen, was bei beiden Ligandenarten gewährleistet ist, da sie entweder wie im Falle des Polypyrazolylborats über Bor oder im Falle des DBMs
über O-Atome an die Metallzentren binden. Die zeitaufgelösten Fluoreszenzmessungen wurden sowohl in Methanol, wie in dieser Arbeit, als auch in der
deuterierten Variante CD_3OD durchgeführt; und es wurde anhand der viel
größeren Lebensdauern, die in CD_3OD gefunden wurden, klar ersichtlich, dass
die OH-Schwingungen von CH_3OH deutlich zur Fluoreszenzauslöschung beitragen. Die Polypyrazolylborate besitzen chelatisierende Eigenschaften und
sollen dafür Sorge tragen, die erste Koordinationssphäre des Komplexes lö-
sungsmittelfrei zu halten, um so die Lebensdauer der Emission nicht zu beein-
trächtigen. Für die Neodymverbindung wurde eine Lumineszenzlebensdauer
von 180 ns in Methanol bzw. 590 ns in CD_3OD erhalten. Diese Lebensdauer
wurde dem $^4F_{3/2}$-Zustand zugeordnet. Die gemessenen Lebensdauern für den
Praseodymkomplex sind mit 13 ns in Methanol bzw. 100 ns in deuteriertem
Methanol aus den bereits angeführten Gründen ebenfalls sehr unterschiedlich.
Diese Lebensdauern wurden dem $^1D_2$-Zustand zugeordnet. Man geht davon
aus, dass Lumineszenz in Pr^{3+} aus den drei 4f-Niveaus $^3P_0$, $^1D_2$ sowie $^1G_4$
erfolgen kann. Davies et al. nahmen an, dass die von ihnen detektierte Lumineszenz aus dem $^1D_2$-Niveau stammt und postulierten, dass der $^3P_0$-Zustand

energetisch zu hoch liegt, um über den Triplettzustand des DBM-Liganden populiert zu werden.

5.2.7. Lösungsmittel

Für die erfolgreiche Durchführung von zeitaufgelösten Absorptionsmessungen ist die Wahl eines geeigneten Lösungsmittels sehr wichtig. Zum einen sollte sich das zu beobachtende Molekül gut darin lösen, zum anderen sollte es keine Reaktionen wie zum Beispiel Austauschreaktionen oder Hydrolyse mit dem Lösungsmittel eingehen. Weiterhin sollte es keine Überlagerung der Absorptionsbanden des Lösungsmittels und der zu untersuchenden Spezies geben, um eine alleinige Anregung und Abfrage des interessierenden Moleküls zu gewährleisten. Weder Anregungs- noch Abfragepuls dürfen das Lösungsmittel ionisieren.

Toluol erschien als ein geeignetes Lösungsmittel, da die Ln-Komplexe aus diesem Lösungsmittel auskristallisiert wurden und sich daher gut darin lösen sollten. Toluol wird durch den UV-Anregungspuls jedoch ionisiert oder in Rydbergzustände knapp unterhalb der Ionisierungskante angeregt. Das Signal in den zeitaufgelösten Absorptionsmessungen, das durch die Ionisierung des Lösemittels induziert wird, überdeckt jede Clusterdynamik, so dass Toluol als Lösungsmittel ausschied. Schließlich dienten Aceton und Methanol als Lösungsmittel für die zeitaufgelösten Messungen, die bei 388 nm angeregt wurden. Bei Untersuchungen mit der Anregungswellenlänge 258 nm wurden die Komplexe ausschließlich in Methanol gelöst, da Aceton bei 258 nm eine starke Absorptionsbande besitzt, die sich mit der β-Diketonatbande überschneidet. Methanol zeigt dagegen bis hinab zu einer Wellenlänge von 200 nm fast keine Absorbanz. Angaben zur Reinheit der Lösungsmittel finden sich im Anhang.

5.3. Experimentelle Bedingungen

Es wurden sowohl Messungen mit einer Anregungswellenlänge von 258 nm als auch mit 388 nm durchgeführt. Abgefragt wurde vom sichtbaren (500 nm) bis in den infraroten (1100 nm) Bereich des elektromagnetischen Spektrums. Oberhalb 1100 nm wurden keine transienten Antworten detektiert. Alle Messungen wurden an dem in Kapitel 3.4.3 beschriebenen Femtosekunden-Messsystem durchgeführt. Der Abfragepuls wurde von einem NOPA-System bereitgestellt und hatte eine Pulsdauer von etwa 60 fs bei einer spektralen Breite von ungefähr 50 nm. Der 388 nm Anregungspuls war über die Verdopplereinheit und der 258 nm Puls über die Verdreifachereinheit zugänglich mit einer ungefähren Pulsdauer von 150 bzw. 200 fs. Die experimentelle Zeitauflösung lag im Bereich von 300 fs. Die Photonenfluenzen der 258 nm- bzw. 388 nm-Anregungspulse waren im Bereich von 10^{14} cm^{-2}. Bei späteren Experimenten wurde die Verdopplereinheit durch eine UV-Einheit des Pump-NOPA-Systems ersetzt und eine Anregungswellenlänge von 350 nm mit einer Fluenz von unter $4,5 \cdot 10^{13}$ cm^{-2} bereitgestellt.

Ein Vergleich zwischen den Messungen mit unterschiedlichem Lösungsmittel zeigte keine Unterschiede im zeitlichen Verlauf der Signale beider Lanthanoidverbindungen. Die in Aceton gelösten Proben ergaben jedoch aufgrund ihrer besseren Löslichkeit in diesem Lösungsmittel größere ΔOD-Werte und hatten deshalb ein besseres Signal-zu-Rausch-Verhältnis. Für alle Messungen wurden Quarzglasküvetten (Fa. Hellma) mit einer Weglänge von 1 mm verwendet. Um die Reinheit der Proben zu gewährleisten, wurden vor jeder Messreihe UV-Vis-Spektren der jeweiligen Verbindungen in den verschiedenen Lösungsmitteln aufgenommen. Zeigten die Proben große Abweichungen zu den vor der Messung aufgenommenen Absorptionsspektren, wurden sie durch neue ersetzt. Die Lösungen wurden so angesetzt, dass sie bei der jeweiligen Pumpwellenlänge eine optische Dichte von etwa 1 besaßen.

5.4. Ergebnisse

Die Anregung der vierkernigen Ln-Komplexverbindungen mit den Wellenlängen 258 nm bzw. 388 nm entspricht den Übergängen aus dem Grundzustand in den zweiten bzw. ersten angeregten Singulett-Zustand des DBM-Liganden. Abbildung 5.4 gibt einen Überblick über die gemessenen Transienten für die vierkernige Neodymverbindung in Methanol nach Anregung in die S_2-Bande (links) mit 258 nm und nach Anregung in die S_1-Bande mit 350 bzw. 388 nm (rechts). Bei keiner Abfragewellenlänge trat stimulierte Emission auf, die bei Abfragewellenlängen im sichtbaren Bereich auf lumineszente Liganden-Zustände, bei Abfrage im infraroten Bereich um 1055 nm dagegen auf lumineszente 4f–4f-Übergänge des trivalenten Neodymions hinweisen würde. Auf den ersten Blick sieht die Dynamik der einzelnen Transienten sehr unterschiedlich aus. Sowohl bei Anregung in die S_1-Bande als auch in die S_2-Bande gibt es Signale, die nach dem Anfangsanstieg monoexponentiell abfallen und Signale, die biexponentiell abfallen. Bei Abfragewellenlängen von größer als 1000 nm verläuft das Signal bei S_2-Anregung sogar über ein zweites Maximum, bevor es monoexponentiell abfällt.

Die Transienten wurden bi- bzw. monoexponentiell nach der Methode der kleinsten Fehlerquadrate angepasst. Aus der Anpassung erhält man für alle transienten Antworten des Nd-Komplexes in Abbildung 5.4 für die Komponente zu langen Zeiten eine Zeitkonstante τ_2 von etwa 6 ps für den Neodymcluster (s. Tabelle 5.1). Einzige Ausnahme stellen die Absorbanz-Zeitprofile bei Anregung mit 258 nm und einem Abfragebereich zwischen 500 und ca. 600 nm dar. Hier fällt das ΔOD-Signal nach dem Anfangsanstieg nicht auf die Grundlinie ab, sondern bleibt im Bereich von 2 bis 50 ps Verzögerungszeit zwischen Anregungs- und Abfragepuls annähernd konstant. Diese Transienten ähneln denen, die aus den Messungen an dem im vorangegangenen Kapitel beschriebenen in THF gelösten neunkernigen Germaniumcluster erhalten wurden, was die Frage nach dem Ursprung dieser transienten Absorption aufwirft. Die Absorbanz-Zeitprofile im Fall des Germaniumclusters ließen sich

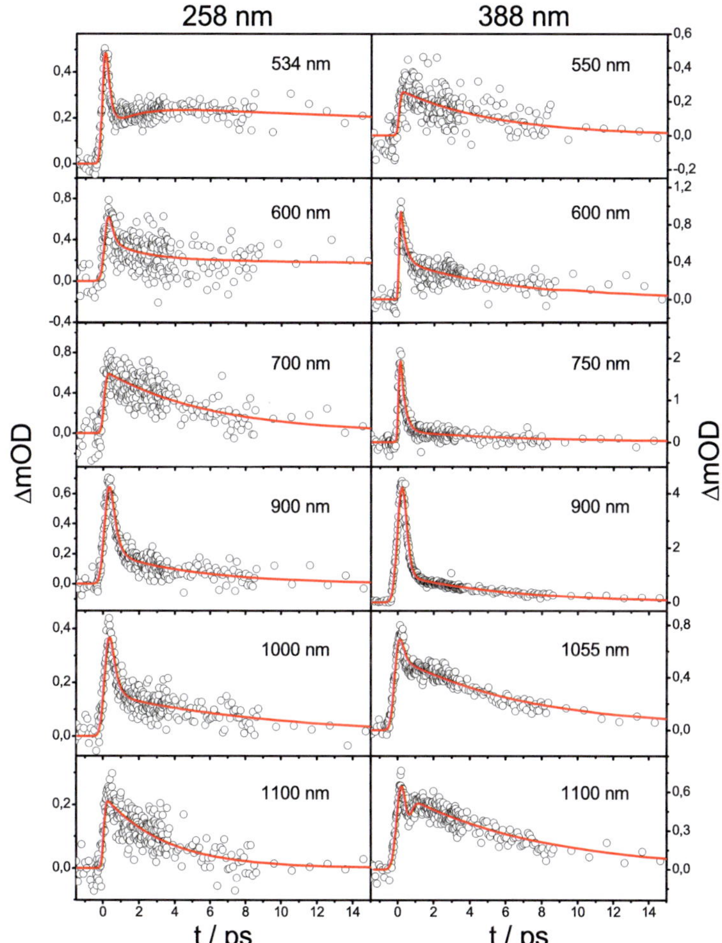

Abbildung 5.4.: Absorbanz-Zeit-Profile nach Anregung des Nd-Clusters mit 258 nm (links) und 388 bzw. 350 nm (rechts). Die Messungen rechts bei den Abfragewellenlängen 550, 600 und 700 nm wurden mit 350 nm angeregt, die drei anderen mit 388 nm.

Tabelle 5.1.: Zeitkonstanten und Amplituden aus den Messungen an $[Nd_4(\mu_3\text{-}OH)_2(Ph_2acac)_{10}]$ nach Anregung mit 258 nm sowie 350 bzw. 388 nm und Abfrage zwischen 500 und 1100 nm. Die Zeitkonstanten wurden durch mono- bzw. biexponentielle Anpassung der experimentellen Daten nach der Methode der kleinsten Fehlerquadrate erhalten.

$\lambda_{Anregung} \rightarrow$	258 nm				350 / 388 nm			
$\lambda_{Abfrage} \downarrow$ [nm]	τ_1 [ps]	τ_2 [ps]	A_1 [$\cdot 10^{-3}$]	A_2 [$\cdot 10^{-3}$]	τ_1 [ps]	τ_2 [ps]	A_1 [$\cdot 10^{-3}$]	A_2 [$\cdot 10^{-3}$]
550					–	5,3	–	0,13
600					0,3	6,0	0,42	0,21
700	–	6,0	–	0,31	0,3	10,1	0,95	0,19
900	0,3	5,2	0,53	0,10	0,3	6,0	2,39	0,47
1000	0,3	10,1	0,27	0,08				
1055					–	6,4	–	0,80
1100	–	3,4	–	0,11	–	6,7	–	1,11

auf die Dynamik solvatisierter Elektronen zurückführen (s. auch Kap. 4.3). Aus diesem Grund wurden auch in diesem Fall Vergleichsmessungen an solvatisierten Elektronen in Methanol[63–65] durchgeführt. Die Vergleichsmessungen sollten dabei helfen, zwischen der Dynamik des solvatisierten Elektrons und einer eventuell vorhandenen Komplexdynamik zu differenzieren.

Durch UV-Bestrahlung von Iodidionen in Lösung lassen sich solvatisierte Elektronen erzeugen: Durch Anregung mit 258 nm wird I^- aus dem Grundzustand in einen CTTS-Zustand angehoben[27](s. Kap. 4.3.2). Aus diesem Zustand erfolgt ein Übergang in das Lösungsmittel. Allerdings sind die nascenten Elektronen noch stark delokalisiert. Relaxation in den äquilibrierten Grundzustand der solvatisierten Elektronen erfolgt über den Aufbau der Solvathülle, eines sogenannten Lösungsmittelkäfigs, die das Elektron umschließt. Das Absorptionsspektrum des äquilibrierten solvatisierten Elektrons zieht sich als breite Bande über den gesamten sichtbaren Spektralbereich hin. Das Absorptionsmaximum bei Zimmertemperatur liegt in Methanol bei ca. 640 nm[66] und fällt im Gegensatz zur kurzwelligen Flanke zur langwelligen Seite hin schnell ab, so dass bei 1000 nm praktisch keine Absorbanz mehr vorhanden ist. Für die in dieser Arbeit durchgeführten zeitabhängigen Messungen bedeutet dies, dass eine Detektion der e_{solv}^--Dynamik mit Abfragewellenlängen im sichtbaren Bereich zwischen 500 und 700 nm am wahrscheinlichsten ist, da in diesem Bereich die Absorption des solvatisierten Elektrons am größten ist. Die anschließende geminale Rekombination ist ein bimolekularer Prozess und daher konzentrationsabhängig.

Abbildung 5.5 zeigt Messungen an NaI (e_{solv}^-), $[Nd_4(\mu_3\text{-}OH)_2(Ph_2acac)_{10}]$ (in Abb. 5.5 und 5.6 mit Nd$_4$DBM abgekürzt), $[Pr_4(\mu_3\text{-}OH)_2(Ph_2acac)_{10}]$ (mit der Abkürzung Pr$_4$DBM) sowie am protonierten Liganden Dibenzoylmethan (HDBM) bei einer Anregungs-/Abfrage-Kombination von 258/500 nm. Alle Verbindungen wurden in Methanol gelöst. Die gemessenen Absorbanz-Zeit-Profile werden im Folgenden nur qualitativ miteinander verglichen, um eine Aussage über den Ursprung des transienten Absorptionssignals treffen zu können. Der Peak bei kleinen Verzögerungszeiten lässt sich auf eine [1+1]-Photonen-Absorption eines UV–Anregungs–und eines Vis–Abfrage-Photons in die Absorptionskante des Lösungsmittels Methanol zurückführen und ist daher auch in allen vier Transienten in Abbildung 5.5 zu sehen. Der darauf folgende Anstieg des Signals ist zumindest bei der Messung an NaI in MeOH der Bildung des relaxierten solvatisierten Elektrons zuzuordnen. Das konstante Absorptionssignal ab etwa 2 ps zeigt an, dass keine geminale Rekombination innerhalb des gezeigten Zeitintervalls stattfindet. Das Signal des HDBM-Liganden folgt qualitativ dem Verlauf des e_{solv}^--Signals und es ist daher naheliegend, die Liganden als Quelle der solvatisierten Elektronen im Falle der Seltenerdkomplexe zu betrachten.

In Abbildung 5.6 sind die Transienten bei 700 nm Abfrage nach Anregung mit 258 nm dargestellt. Bei dieser Abfragewellenlänge sind bereits deutliche qualitative Unterschiede zwischen den einzelnen Absorbanz-Zeit-Profilen zu

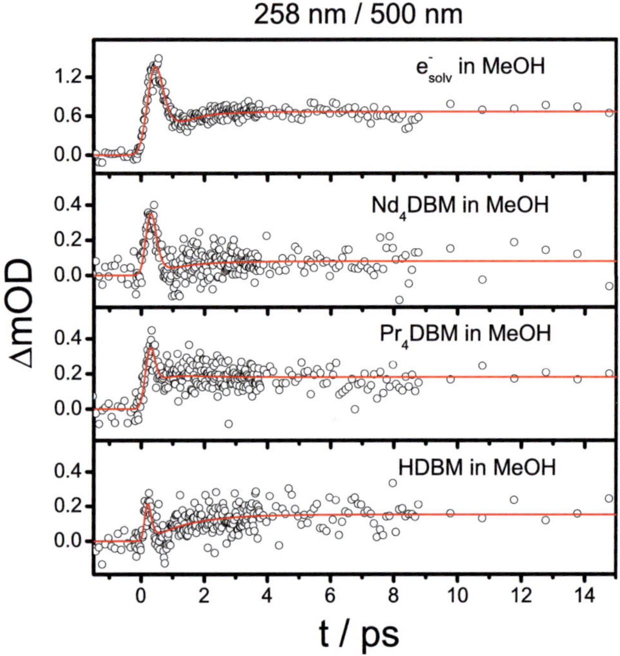

Abbildung 5.5.: Transienten nach Anregung mit 258 nm und Abfrage bei 500 nm. Die offenen Kreise bezeichnen die experimentell erhaltenen Werte. Die durchgezogenen Kurven dienen nur zur Hilfe, um den zeitlichen Ablauf besser verfolgen zu können.

erkennen. Zunächst einmal sieht man eine deutliche Abweichung in der Dynamik des solvatisierten Elektrons (e^-_{solv} in MeOH in Abb. 5.6) im Vergleich zu den beiden Lanthanoid-Clustern und auch zum HDBM-Liganden. Während bei der obersten Transienten in Abbildung 5.6 nach Bildung des solvatisierten Elektrons für Verzögerungszeiten größer als 4 ps keine weitere Dynamik mehr zu erkennen ist, d.h. keine geminale Rekombination stattfindet, fällt das Signal sowohl beim Nd- als auch beim Pr-Cluster monoexponentiell mit einer Zeitkonstanten τ_2 von ca. 6 ps (Nd$_4$DBM) bzw. ca. 26 ps (Pr$_4$DBM) ab.

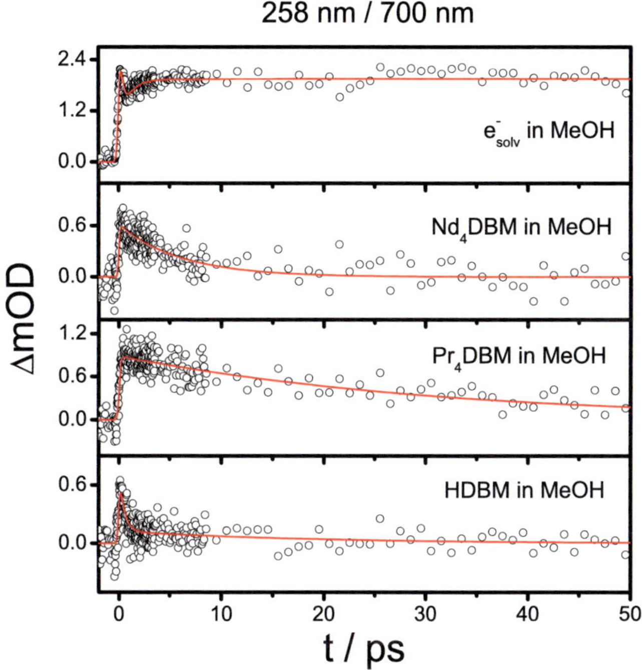

Abbildung 5.6.: Transienten nach Anregung mit 258 nm und Abfrage bei 700 nm.

Betrachtet man die transiente Antwort des protonierten Liganden-Moleküls HDBM im Vergleich zu derjenigen der vierkernigen Komplexe, ist im Fall des Liganden ein schneller monoexponentieller Abfall des ΔOD-Signals innerhalb von 2 ps zu sehen. Zwei Dinge lassen sich daraus folgern: Die unterschiedliche Dynamik in den Komplexen im Vergleich zu der des solvatisierten Elektrons lässt den Schluss zu, dass bei größeren Abfragewellenlängen bereits photoinduzierte Prozesse, die im Cluster ablaufen, zu erkennen sind. Diese Dynamik fehlt in der Transienten des Liganden anders als bei der Anregungs-/Abfrage-Kombination 258/500 nm.

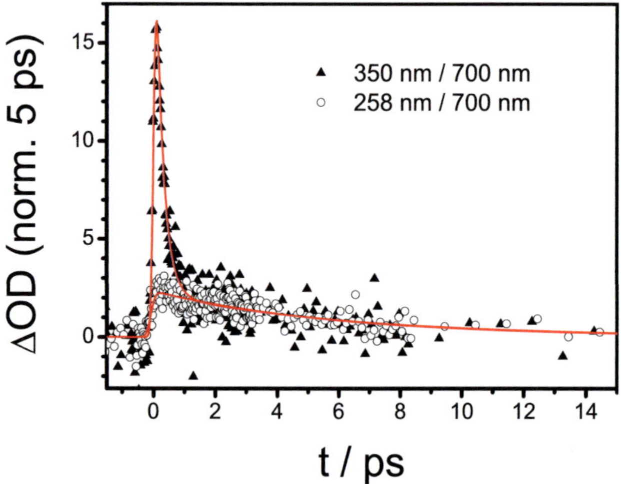

Abbildung 5.7.: Vergleich zweier Transienten mit unterschiedlicher Anregungswellenlänge und Abfrage bei 700 nm. Die experimentellen Werte wurden so normiert, dass die transiente Absorption bei einer Verzögerungszeit von 5 ps zwischen Anregungs- und Abfragepuls den Wert 1 hat. Die durchgezogenen Kurven entsprechen einer mono- bzw. biexponentiellen Anpassung.

Das abweichende Aussehen der Transienten kann aber auch aus der unterschiedlichen Elektronenquelle stammen. Im Fall der Cluster wird das Elektron aus voluminösen Dibenzoylmethanidliganden erzeugt, während im Vergleichssystem NaI das Elektron aus dem im Vergleich zum DBM-Liganden kleinen Iodidion erzeugt wird. Die sterische Hinderung für ein äquilibriertes Elektron ist in den Seltenerdclustern definitiv größer als bei den I$^-$Ionen, was Diffusion ins umgebende Lösungsmittel erschwert und ein Elektroneneinfang, d.h. geminale Rekombination, auf einer kürzeren Zeitskala wahrscheinlicher werden lässt.

Gegen das Bild des Elektroneneinfangs spricht jedoch das HDBM-Profil in Abbildung 5.6, in dem die Rekombination viel schneller vonstatten zu gehen scheint als im Cluster. Die beiden Transienten unterscheiden sich nur in einer schnellen zusätzlichen Komponente bei Anregung mit 350 nm, die mit einer Zeitkonstante τ_1 beschrieben werden kann, die innerhalb der experimentellen Auflösung liegt. Hinzu kommt, dass Nd- und Pr-Cluster auf unterschiedlichen Zeitskalen relaxieren (6 bzw. 26 ps), was eher für Clusterdynamik spricht. Sollte es sich aber sowohl bei 258 nm als auch bei 388 nm um e_{solv}-Dynamik handeln, so müsste τ_2 eine Konzentrationsabhängigkeit zeigen, da der Elektroneneinfang ein bimolekularer Prozess ist. Dementsprechend sollte τ_2 mit steigender Konzentration kleiner werden. Die Messungen dazu sind im folgenden Abschnitt gezeigt.

Zur Klärung der Frage nach dem Ursprung der transienten Antworten, d.h., ob nach Anregung mit 388 nm bzw. 350 nm Komplexdynamik oder die Dynamik solvatisierter bzw. teilsolvatisierter Elektronen zu sehen ist, wurden Messungen mit unterschiedlichen Clusterkonzentrationen durchgeführt. Dazu wurden zwei verschiedene Lösungen von $[Nd_4(\mu_3\text{-}OH)_2(Ph_2acac)_{10}]$ in Aceton mit c $= 114\ \mu mol/L$ bzw. c $= 13\ \mu mol/L$ hergestellt, was einem Konzentrationsverhältnis von etwa 9 : 1 entspricht. In Abbildung 5.8 sind die beiden Messungen zu sehen. Zum besseren Vergleich ihrer Dynamik wurden beide Transienten auf den jeweiligen ΔOD-Wert bei 2 ps Verzögerungszeit normiert und anschließend übereinandergelegt. Die Normierung wurde so gewählt, dass die beiden τ_2-Komponenten miteinander verglichen werden konnten, wobei das Signal, das bei einer Clusterkonzentration von 13 $\mu mol/L$ aufgenommen wurde (durchgezogene Kurve), mehr streut. Der Grund hierfür ist die kleinere Absorbanz aufgrund der geringeren Konzentration der Neodymkomponente. Beide Absorbanz-Zeit-Profile zeigen im Hinblick auf die τ_2-Komponente die gleiche Dynamik, was gegen die Detektion solvatisierter Elektronen bei Abfragewellenlängen größer als 700 nm spricht.

Die Konzentration solvatisierter Elektronen lässt sich auch über die Energie des Generierungspulses (Anregungspuls) variieren. Die Konzentration des Nd-Komplexes bleibt in erster Näherung gleich, je größer jedoch die Intensität des Pumppulses ist, desto mehr Elektronen können erzeugt werden. Abbil-

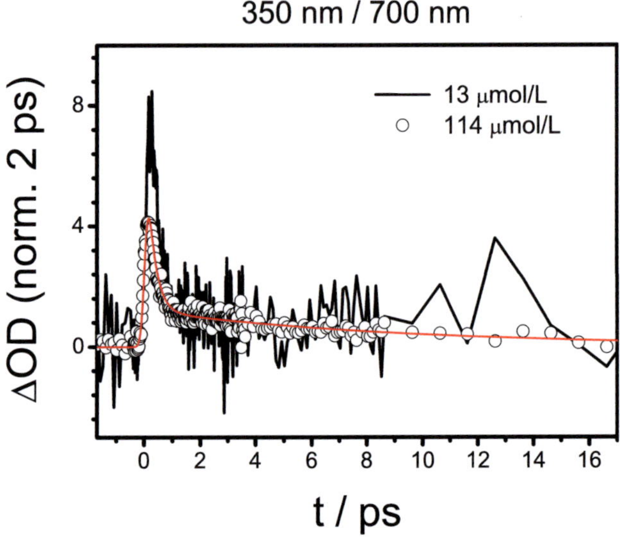

Abbildung 5.8.: Vergleich zweier Transienten mit unterschiedlicher Konzentration des Nd-Clusters gelöst in Aceton nach Anregung mit 350 nm und Abfrage bei 700 nm. Die Signale sind auf den jeweiligen Wert bei 2 ps normiert. Die durchgezogene Kurve entspricht der biexponentiellen Anpassung an die experimentellen Werte der 114 µmolaren Lösung.

dung 5.9 zeigt die transiente Antwort der vierkernigen Nd-Verbindung bei unterschiedlichen Anregungspulsenergien. Die Transienten wurden auf das jeweilige Maximum normiert und übereinandergelegt. In erster Näherung ist ein vergleichbares zeitliches Verhalten beider Transienten zu erkennen. Auch in diesem Fall ist keine Abhängigkeit von der Intensität des Pumppulses zu beobachten und es ist davon auszugehen, dass entweder keine solvatisierten Elektronen erzeugt werden oder keine nennenswerte Detektion dieser Spezies stattfindet.

Zusammenfassend lässt sich sagen, dass bei der Anregung der Cluster-Proben mit 388 nm kein Hinweis auf die Detektion solvatisierter Elektronen gefunden

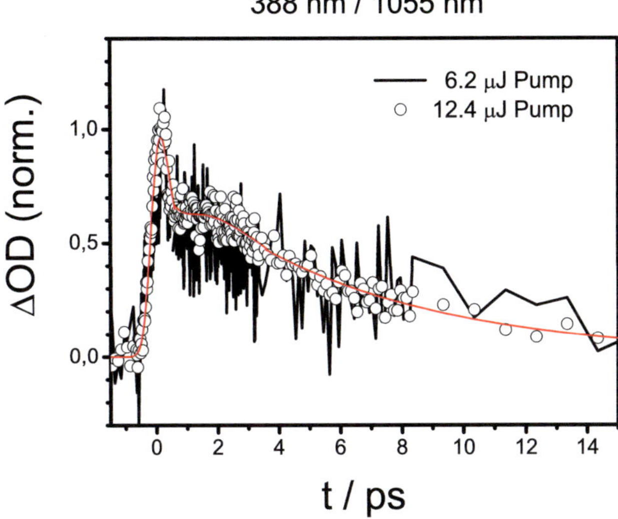

Abbildung 5.9.: Vergleich zweier Absorbanz-Zeit-Profile mit gleicher Konzentration des Nd-Clusters gelöst in Methanol nach Anregung mit 388 nm und Abfrage bei 1055 nm, jeweils normiert auf das ΔOD-Maximum. Im Vergleich zu der mit einer durchgezogenen Linie dargestellten Transiente wurde die mit offenen Kreisen dargestellte bei doppelter Anregungspulsenergie erhalten.

wurde und bei der Anregung mit 258 nm-Pulsen nur im Bereich zwischen 500 und 600 nm. Im Folgenden wird vorausgesetzt, das alle anderen Abfragewellenlängen die Dynamik der Seltenerdverbindungen widerspiegeln.

Bei den Messungen mit 388 nm-Anregung wurde ebenso wie bei 258 nm-Anregung zusätzlich zum vierkernigen Neodymkomplex der vierkernige Praseodymkomplex untersucht. Erwartungsgemäß sollte der Mechanismus der Energieübertragung ausgehend von den sensibilisierenden DBM-Liganden auf die Seltenerdionen vergleichbar sein. Unterschiede gibt es jedoch in der Lage der 4f-Energieniveaus von Nd^{3+} und Pr^{3+}, die sich auf die Geschwindigkeit und Vollständigkeit des Energietransfers vom Ligand zum Übergangsmetall auswirken. Um auszuschließen, dass es sich bei den gemessenen Transienten nicht nur um pure Ligandendynamik handelt, wurden ebenfalls Messungen an reinem Liganden sowohl in seiner nichtionischen Form als Dibenzoylmethan (HDBM) als auch in seiner ionischen Form als Kaliumsalz des Dibenzoylmethanids (KDBM) durchgeführt.

Da in der Verbindung $[Nd_4(\mu_3\text{-}OH)_2(Ph_2acac)_{10}]$ nach Anregung mit 392 nm bei 1055 nm bereits Fluoreszenz ($^4F_{3/2} \rightarrow\, ^4I_{11/2}$) detektierte wurde,[60] wurden in diesem Abfragebereich ebenfalls zeitaufgelöste Messungen durchgeführt. Im Fall von stimulierter Emission bei 1055 nm würde man in den zeitaufgelösten Anregungs-Abfrage-Experimenten negative ΔOD-Signale erhalten. Das obere Diagramm in Abbildung 5.10 zeigt die Antwort der beiden Lanthanoidverbindungen und des reinen Dibenzoylmethans bei der Wellenlängenkombination 388/1055 nm. Im unteren Diagramm in Abbildung 5.10 ist das KDBM-Profil nach Anregung bei 350 nm zu sehen. Abbildung 5.11 zeigt die Absorbanz-Zeitprofile derselben Verbindungen bei einer Abfragewellenlänge von 1065 nm, bei der stimulierte Emission aus dem resonanten Pr^{3+}-Übergang ($^1D_2 \rightarrow\, ^3F_4$) zu erwarten ist (vgl. Abschnitt 5.2.6). Weder bei 1055 noch bei 1065 nm ist stimulierte Emission beobachtbar. Nach dem Anfangsanstieg weisen die Transienten beider Lanthanoidkomplexe ein zweites Maximum im ΔOD-Signal bei ungefähr 2,5 ps auf. Der sich anschließende Abfall lässt sich, wie bereits erwähnt, sowohl für die Abfragewellenlängen im sichtbaren als auch im infraroten Bereich mit einer Zeitkonstante τ_2 von 6 ps (Nd4DBM) bzw. 26 ps (Pr4DBM) anpassen.

Es gibt verschiedene Gründe für ein Nichtbeobachten von Fluoreszenz. Die Lumineszenzausbeute kann zum Einen durch das Lösungsmittel gequencht werden, das die Anregungsenergie der Lanthanoidionen in Form von Obertonschwingungsquanten aufnimmt.[37,62] Die meisten Prozesse, die Fluoreszenz der zentralen Seltenerdmetalle unterdrücken, sind aber bereits durch den Aufbau der vierkernigen Komplexe selbst begründet. Das Molekül kann z.B. schon vor den Energietransfer auf das Lanthanoidion seine Energie in Form von Fluoreszenz und nichtstrahlenden Übergängen aus angeregten Singulett- und ILCT

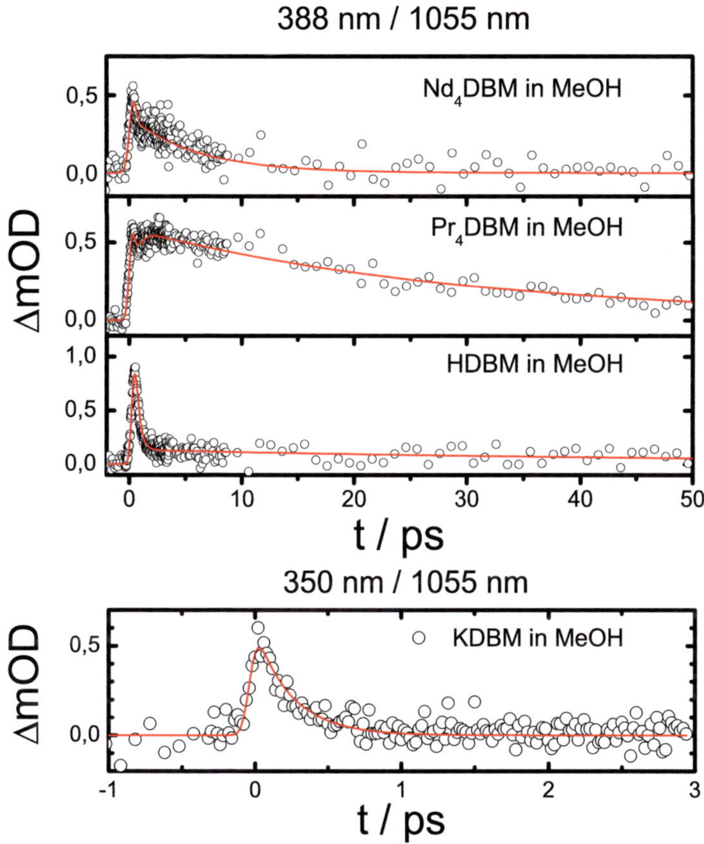

Abbildung 5.10.: Oben: Absorbanz-Zeit-Profile nach Anregung mit 388 nm. Die durchgezogenen Linien bei Nd$_4$DBM und Pr$_4$DBM sind nur zu Hilfe eingezeichnet. Für die monoexponentielle Anpassung dieser Signale wurden die ΔOD-Werte zwischen ca. 5 und 50 ps verwendet. Unten: Absorbanz-Zeit-Profil von Kaliumdibenzoylmethanid in Methanol nach Anregung bei 350 nm.

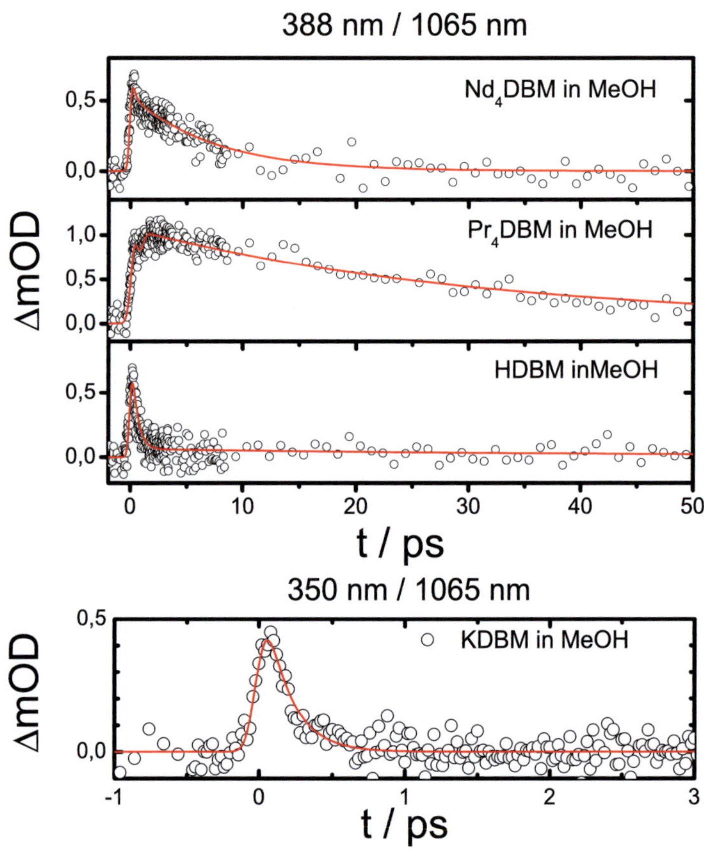

Abbildung 5.11.: Absorbanz-Zeit-Profile nach Anregung mit 388 bzw. 350 nm und Abfrage bei 1065 nm.

und LMCT-Zuständen[31] an das Lösungsmittel abgeben (s. Abschn. 5.2.4). Auch die Wechselwirkung der 4 Lanthanoidionen untereinander kann die Fluoreszenz durch Relaxations- und Energietransferprozesse aufgrund der kurzen Abstände zwischen den Lanthanoidionen untereinander auslöschen.[34] Schließlich können auch die Liganden selbst durch CH- oder OH-Schwingungen die metallzentrierte Lumineszenz unterdrücken (s. Abschn. 5.2.6).

Eine wichtige Information kann man jedoch aus den Abbildungen 5.10 und 5.11 herauslesen: Sowohl die HDBM- als auch die KDBM- Transienten zeigen im Wesentlichen keine weitere Dynamik, die über 2 ps Verzögerungszeit zwischen Anregungs- und Abfragepuls hinausgeht. Dem Anfangsanstieg folgt ein schneller monoexponentiell anpassbarer Abfall des ΔOD-Signals und man kann im weiteren Verlauf der Diskussion davon ausgehen, dass die Dynamik zu späteren Zeiten den Komplexen zuzuschreiben ist und die zeitaufgelösten Messsignale den Energietransfer von energetisch geeigneten Donorzuständen des Liganden bzw. Clusters zu Akzeptorniveaus der zentralen Lanthanoidionen widerspiegeln.

5.5. Diskussion und Zusammenfassung

Die Messungen an den mehrkernigen Lanthanoidverbindungen haben gezeigt, dass die Methode der zeitaufgelösten Anregungs-Abfrage-Technik prinzipiell dazu geeignet ist, die Prozesse des intramolekularen Energietransfers nach Photoanregung zu verfolgen.

5.5.1. Anregung bei 388 nm

Mit 388 nm werden die Dibenzoylmethanidliganden beider Seltenerdverbindungen aus dem Singulett-Grundzustand S_0 in den schwingungsheißen ersten angeregten Singulettzustand S_1 ($S_1 \leftarrow S_0$) (s. Abb. 5.12) angeregt, von dem sie durch Schwingungsrelaxation in den S_1-Grundzustand gelangen können. Im Falle des HDBM und KDBM wird der S_1-Zustand nach Photoan-

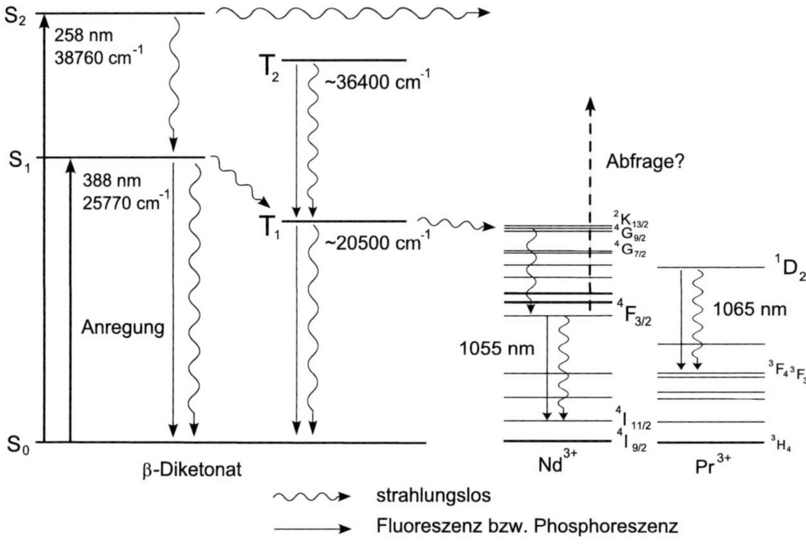

Abbildung 5.12.: Vereinfachtes Energieniveauschema von $[Nd_4(\mu_3\text{-}OH)_2(Ph_2acac)_{10}]$ bzw. $[Pr_4(\mu_3\text{-}OH)_2(Ph_2acac)_{10}]$. Die Nomenklatur der 4f-Zustände der Lanthanoide beruht auf dem Russel-Saunders-Termschema unter der Annahme von Spin-Bahn-Kopplung.

regung nur durch strahlungslosen Zerfall oder Fluoreszenz in den Grundzustand ($S_1 \rightarrow S_0$) bzw. durch Interkombination auf die Triplett-Potenzialfläche ($T_1 \rightarrow S_0$) desaktiviert. Der schnelle Abfall des positiven ΔOD-Signals der Transienten, die an den reinen Ligandenproben (HDBM sowie KDBM) bei den Abfragewellenlängen von 258 nm und 388 nm und bei einer Anregung zwischen 500 und 1100 nm aufgenommen wurden, ergab eine Zeitkonstante $\tau_1 = (0{,}3 \pm 0{,}1)$ ps. Frühere Arbeiten an Neodymkomplexen mit DBM-Liganden favorisieren den Weg von S_1 über den T_1-Zustand. Es wurde keine Beteiligung von ILCT- oder LMCT-Zuständen beschrieben.[67] β-Diketonate mit einem energetischen Abstand im Bereich von 5000 cm^{-1} zwischen der S_1-

und T_1-Potenzialfläche zeichnen sich durch effiziente Interkombination aus.[31] Der intramolekulare Energietransfer findet somit größtenteils zwischen T_1 und den Akzeptorzuständen der Seltenen Erden statt. Das zweite Absorptionsmaximum in den Transienten des Nd- bzw. Pr-Clusters wird nach diesem Bild der von τ_{ISC} abhängigen Aktivierung des Liganden-T_1-Zustands über S_1 und dessen von der Energietransferrate τ_{ET}^T abhängigen Desaktivierung zu den 4f-Akzeptorniveaus zugeordnet. Interessant sind die unterschiedlichen Zerfallszeiten des Nd- (6 ps) bzw. Pr-Clusters (26 ps), was auf den unterschiedlichen Abstand der Nd- bzw Pr-Akzeptorniveaus zu T_1 hinweisen kann. Andererseits könnte das zweite transiente Absorptionsmaximum auch auf die von τ_{ISC} und τ_{ET}^T abhängige Lebensdauer der resonanten 4f-Niveaus hindeuten, die durch schnelle innere Konversion aus den Akzoptorniveaus besetzt werden.

Kleinerman[33] wertete die experimentellen Daten von über 600 Lanthanoidchelaten aus und kam zu dem Schluss, dass der direkte Energietransfer von Liganden-Singulettzuständen zu Lanthanoid-Akzeptorzuständen mit Geschwindigkeitskonstanten $k_{ET}^S \geq 10^{-11}$ s^{-1} zum Gesamtenergietransfer beitragen kann.[33] Dabei muss der direkte Energietransfer nicht der alleinige Übertragungsmechanismus sein, sondern kann in Konkurrenz treten mit dem Transfer über den Triplettzustand, der in den Ln-Chelaten an Bedeutung gewinnt je größer die Übergangsgeschwindigkeitskonstante der Interkombination k_{ISC} im Vergleich zu k_{ET}^S wird. Nicht vollständig auszuschließen ist daher auch der direkte Energietransfer über S_1. Festzuhalten ist jedoch, dass die gemessenen Relaxationszeiten dem Gesamtkomplex zuzuordnen sind, gleichgültig ob die Energieübertragung über Singulett- oder Triplettzustände stattfindet, da die ungebundenen Liganden nach der Photoanregung ein völlig anderes Relaxationsverhalten aufweisen.

5.5.2. Anregung bei 258 nm

Mit einer Wellenlänge von 258 nm erfolgt Anregung in den schwingungsangeregten ligandenzentrierten S_2-Zustand ($S_2 \leftarrow S_0$) (Abb. 5.12). Der Zustand kann durch zahlreiche Prozesse desaktiviert werden. Über innere Konversion gelangt das Molekül auf die Potenzialfläche des ersten angeregten Singulett-Zustands ($S_2 \rightarrow S_1$) und kann von dort aus denselben Weg wie in Abschnitt 5.5.1 beschrieben nehmen. Es gibt aber zusätzliche Pfade, die einem Molekül, das in die S_1-Potentialfläche angeregt wird, nicht zur Verfügung stehen. Über Interkombination kann der zweite angeregte Triplettzustand T_2 bevölkert werden, der in Dibenzoylmethan ca. 36400 cm^{-1} oberhalb des Grundzustands S_0 liegt.[68] T_2 relaxiert über IC und strahlungslose Desaktivierung nach T_1. Von dort kann die Energie wieder intramolekular zu den Metallzentren übertragen werden. Darüber hinaus kann ein direkter Energietransfer von den vibronischen Zuständen der S_2-Potentialfläche zu anderen in diesem Energiebereich liegenden Zuständen stattfinden, was Kleinerman als Delokalisierung der Energie über den gesamten Komplex beschreibt.[33] Die Geschwindigkeitskonstante für die Relaxation von S_2 nach S_1 liegt in der Größenordnung von 10^{12} s^{-1} und die der Delokalisierung bei $\gg 10^{12}$ s^{-1}. Energietranfer zu den Metallzentren ist somit direkt von S_2 aus möglich. Unter der Voraussetzung, dass die Interkombination zwischen S_2 und T_2 auf einer kürzeren Zeitskala als zwischen S_1 und T_1 abläuft, ist auch der Weg über T_2 nicht ganz auszuschließen.

Der genaue Weg des Energietransfers von den Liganden zu den Lanthanoidionen ist zwar nicht vollkommen klar, aber wie schon bei den Messungen mit Anregung in den S_1-Zustand, erhält man für Nd und Pr die gleichen Relaxationszeiten von etwa 6 bzw. 26 ps, die einen starken Hinweis darauf geben, dass der intramolekulare Energietransfer in Abhängigkeit des jeweiligen Lanthanoidions detektiert wurde.

6. Nanoröhren

6.1. Einleitung und Zielsetzung

Spektroskopische Untersuchungen an Kohlenstoffnanoröhren und deren Interpretation gestalten sich im Allgemeinen aufgrund der Heterogenität der Proben als schwierig. Abhängig vom jeweiligen Herstellungsverfahren werden Gemische verschiedener Röhrentypen erhalten, die eine breite Chiralitäts-, Durchmesser- sowie Längenverteilung aufweisen.[69,70] Deshalb ist es nicht einfach, Messungen an individuellen Röhren frei von intermolekularen Wechselwirkungen zu erhalten. Bei früheren in dieser Arbeitsgruppe durchgeführten Untersuchungen an einwandigen Kohlenstoffnanoröhren wurden zum Beispiel Transienten erhalten, die auf eine Überlagerung von induzierter Absorption und transientem Ausbleichen aufgrund unterschiedlicher Röhrentypen in der Probe hinweisen. Dadurch war die Bestimmung der Lebensdauern angeregter Zustände einzelner Röhrentypen nur in einem eingeschränkten Frequenzbereich möglich.[7,71] Hinzu kommen Bündelungseffekte und Defektstrukturen wie z. B. Verjüngung, Abwinkelung oder Einbau eines Kohlenstofffünfrings in das Graphengitter der Röhren, welche die physikalischen Eigenschaften mitunter erheblich beeinflussen können.[72–74]

Da das intrinsische Bündeln der Röhren zu einer starken Fluoreszenzlöschung aufgrund von Wechselwirkungen mit metallischen Röhren führt,[74] wurde die Zuordnung von Absorptions- und Emissionsbanden zu bestimmten (n,m)-Spezies (Nomenklatur der Nanoröhren s. Kap. 6.2.1) mittels Photolumineszenzmessungen erst durch die Reduzierung des Bündelungsgrades durch geeignete Reagentien möglich.[69] Neben aufwendigen spektroskopischen Methoden zur

Einzelmolekülmessung ist daher die Bereitstellung von sauberen und gut charakterisierten Proben für zeitaufgelöste Ensemblemessungen von großem Interesse. Durch verbesserte Trennverfahren zusammen mit Unterdrückung der Aggregation der Röhren gelingt heutzutage die Aufbereitung von Dispersionen mit überwiegend einer einzigen halbleitenden Nanoröhrenspezies, so dass sie für zeitaufgelöste Anregungs-Abfrage-Experimente verwendet werden können.

Sowohl theoretische[75,76] als auch experimentelle[1,77] Untersuchungen an Kohlenstoffnanoröhren zeigten die Notwendigkeit auf, exzitonische Effekte für die Beschreibung der optischen Eigenschaften mit einzubeziehen. Exzitonen sind daher auch für das Relaxationsverhalten optisch angeregter Nanoröhren von entscheidender Bedeutung; die erstaunlich geringen Fluoreszenzquantenausbeuten bei halbleitenden Nanoröhren, die in der Größenordnung von 10^{-3} bis 10^{-4} liegen,[74,78,79] können somit zum Teil durch strahlungslose Relaxationsprozesse über optisch nicht erlaubte Exzitonzustände erklärt werden.

Ziel dieser Arbeit ist es, einen Beitrag zum Verständnis des Relaxationsverhaltens optisch angeregter, größenselektierter Nanoröhren zu leisten. Die hier untersuchte und in [1] lumineszenzspektroskopisch charakterisierte Probe besteht im Wesentlichen aus der halbleitenden (9,7)-Röhre mit Anteilen von (8,7)-Röhren (siehe Abbildung 6.7 in Kap. 6.2.6). Durch die Aufreinigung der Probe auf nur eine Hauptkomponente kann gezielt eine einzige Nanoröhrenspezies angeregt werden und auch der Bereich der Abfragewellenlängen ist unlimitierter. Dies spiegelt sich wiederum direkt in der Qualität der gemessenen Signale wider und vereinfacht zudem die Charakterisierung der physikalischen Eigenschaften.

6.2. Grundlagen

In diesem Abschnitt sollen kurz die wichtigsten Konzepte, die zur Beschreibung und zum Verständnis der elektronischen und photophysikalischen Eigenschaften halbleitender, einwandiger Kohlenstoffnanoröhren (S-SWNT, engl.: semiconducting single-walled carbon nanotube) nötig sind, veranschaulicht werden. Diese bilden die Grundlage für die Beschreibung und Diskussion der durch Photoanregung induzierten dynamischen Prozesse, die in Abschnitt 6.4 dargestellt sind.

6.2.1. Nomenklatur und Struktur einwandiger Nanoröhren

Abhängig von ihrem Röhrendurchmesser und ihrer chiralen Anordnung sind Nanoröhren entweder metallisch oder halbleitend. Den Aufbau einer Kohlenstoffnanoröhre kann man sich als eine Graphitmonolage (Graphen) vorstellen, die in einer bestimmten Richtung in Bezug auf ihre Wabenstruktur aufgerollt wird. Die Röhren können daher durch den Aufrollvektor (Chiralitätsvektor) $\mathbf{C}_h$ über

$$\mathbf{C}_h = n\mathbf{a}_1 + m\mathbf{a}_2 \equiv (n, m) \tag{6.1}$$

spezifiziert werden. Die zwei Indizes n und m geben an, wie oft die Einheitsvektoren $\mathbf{a}_1$ und $\mathbf{a}_2$ des Graphengitters im Aufrollvektor $\mathbf{C}_h$ enthalten sind.[80] Abbildung 6.1 zeigt eine schematische Darstellung einer Graphenschicht und die relative Lage des Aufrollvektors für eine (9,7)-Röhre in Bezug zu den Einheitsvektoren $\mathbf{a}_1$ und $\mathbf{a}_2$. Die Grapheneinheitszelle ist als Raute mit gestrichelten Linien eingezeichnet. Der Aufrollvektor legt den Durchmesser und die Helizität der Röhren fest.[81] Wird die Graphenschicht entlang $\mathbf{C}_h$ zu einem Zylinder aufgerollt, ergibt sich der Durchmesser d der korrespondierenden Röhre aus der Länge $|\mathbf{C}_h|$ des Chiralitätsvektors:

$$d = \frac{|\mathbf{C}_h|}{\pi} = \frac{\sqrt{3}a_{CC}\left(m^2 + mn + n^2\right)^{1/2}}{\pi}. \tag{6.2}$$

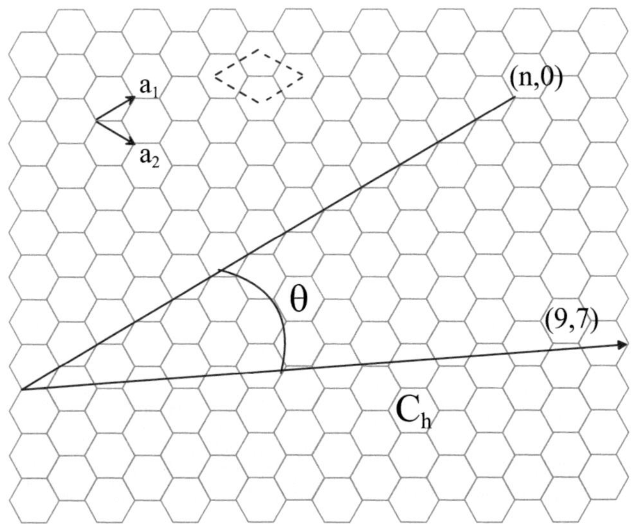

Abbildung 6.1.: Schematische Darstellung einer zweidimensionalen Graphen-schicht. $\mathbf{a}_1$ und $\mathbf{a}_2$ sind die Einheitsvektoren des Graphengitters. $\mathbf{C}_h$ ist der Auf-rollvektor, hier im speziellen Fall einer (9,7)-SWNT.

$\sqrt{3}a_{CC}$ bezeichnet die Länge der Gittervektoren $\mathbf{a}_1$ und $\mathbf{a}_2$; a_{CC} ist der Abstand zwischen den am nächsten benachbarten Kohlenstoffatomen im Gitter und beträgt für Graphit 0,142 nm.[82] Der Winkel θ gibt die Lage von $\mathbf{C}_h$ in Bezug zur $\mathbf{a}_1$-Richtung an und ergibt sich aus

$$\tan\theta = \frac{\sqrt{3}m}{2n+m}. \tag{6.3}$$

Bei chiralen Nanoröhren besitzt θ Werte zwischen $0°$ und $30°$. Röhren mit $\theta = 0°$ (der Aufrollvektor zeigt genau in die Richtung des $\mathbf{a}_1$-Gittervektors) mit einem Index von (n,0) sowie Röhren mit $\theta = 30°$ mit Index (n,n) sind dagegen achiral und werden als Zickzack- bzw Sessel-Nanoröhren bezeichnet. Dem Index (9,7) lässt sich nun ein Röhrendurchmesser d von 1,1 nm und ein Winkel θ von 25,9° zuordnen.

Die Einheitszelle einer Kohlenstoffnanoröhre wird durch ein Rechteck beschrieben, das von den beiden Vektoren $\mathbf{C}_h$ und dem sogenannten Translationsvektor $\mathbf{T}$ aufgespannt wird. Der Translationsvektor beschreibt die Länge der Elementarzelle und steht senkrecht auf $\mathbf{C}_h$ im unaufgerollten Graphengitter. $\mathbf{T}$ kann durch die Einheitsvektoren $\mathbf{a}_1$ und $\mathbf{a}_2$ des Graphengitters sowie die chiralen Indizes n und m beschrieben werden:

$$\mathbf{T} = \frac{2m + n}{g\,\mathfrak{R}} \cdot \mathbf{a}_1 - \frac{2n + m}{g\,\mathfrak{R}} \cdot \mathbf{a}_2. \tag{6.4}$$

Dabei ist g der größte gemeinsame Teiler von n und m und $\mathfrak{R}$ besitzt den Wert 3, wenn (n-m) ein ganzzahliges Vielfaches von 3g ist, ansonsten den Wert 1. Für die (9,7)-Röhre ergibt sich damit ein Translationsvektor von $\mathbf{T} = 23\mathbf{a}_1 - 25\mathbf{a}_2$. Eine Nanoröhre kann man sich somit als eine Aneinanderreihung von 1D-Einheitszellen in Achsenrichtung vorstellen. Im Allgemeinen besitzen SWNTs eine Länge, die um ein Vielfaches größer als ihr Durchmesser ist und können daher in erster Näherung als eindimensional betrachtet werden. Die Anzahl N der Sechsecke in einer Einheitszelle ist durch das Zahlentupel (n,m) festgelegt und ergibt sich durch

$$N = \frac{2(m^2 + mn + n^2)}{g\,\mathfrak{R}}. \tag{6.5}$$

Da die Graphen-Einheitszelle aus 2 Kohlenstoffatome besteht, sind in einer Nanoröhreneinheitszelle entsprechend 2 N Kohlenstoffatome enthalten und es gibt N Paare von bindenden π- und antibindenden π^*- Energiebändern. Analog zu den Gittervektoren $\mathbf{C}_h$ und $\mathbf{T}$ existieren im reziproken Raum die Gittervektoren $\mathbf{K}_1$ in Richtung des Röhrenumfangs und $\mathbf{K}_2$ entlang der Röhrenachse. Die reziproken Gittervektoren lassen sich über $R_i \cdot K_j = 2\pi\delta_{ij}$ berechnen, wobei R_i nun für $\mathbf{C}_h$ und $\mathbf{T}$ steht und man erhält die Relationen

$$\mathbf{C}_h \cdot \mathbf{K}_1 = 2\pi, \quad \mathbf{T} \cdot \mathbf{K}_1 = 0, \quad \mathbf{C}_h \cdot \mathbf{K}_2 = 0, \quad \mathbf{T} \cdot \mathbf{K}_2 = 2\pi, \tag{6.6}$$

aus denen sich die Ausdrücke für $\mathbf{K}_1$ und $\mathbf{K}_2$ ergeben:

$$\mathbf{K}_1 = \frac{1}{N}\left(\frac{2n + m}{g\,\mathfrak{R}}\,\mathbf{b}_1 + \frac{2m + n}{g\,\mathfrak{R}}\,\mathbf{b}_2\right), \tag{6.7}$$

$$\mathbf{K}_2 = \frac{1}{N}\left(m\mathbf{b}_1 + n\mathbf{b}_2\right). \tag{6.8}$$

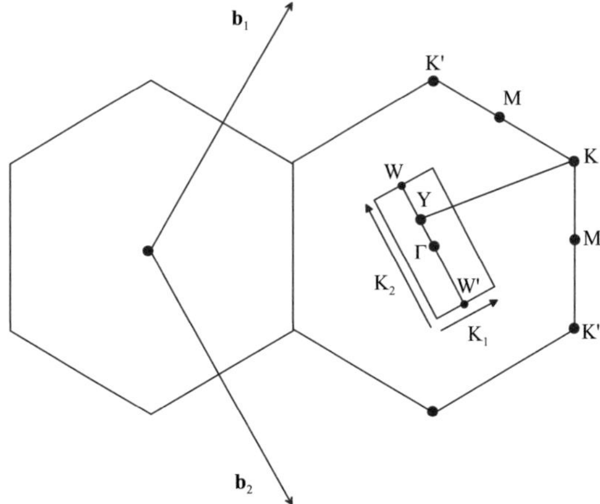

Abbildung 6.2.: Erste Brillouin-Zone (BZ) einer chiralen SWNT ($\overline{WW'}$) und zum Vergleich die hexagonale BZ von Graphen. Die reziproken Einheitssvektoren des Graphens $\mathbf{b}_1$ und $\mathbf{b}_2$ spannen einen Winkel von 120° auf und weisen in ΓM-Richtung.[83]

$\mathbf{b}_1$ und $\mathbf{b}_2$ sind dabei die reziproken Gittervektoren der Grapheneinheitszelle. Abbildung 6.2 zeigt die Brillouin-Zone (BZ) von 2D-Graphit als Hexagon mit den Symmetriepunkten K, K', M und Γ. Die erste BZ einer 1D-Nanoröhre ist durch das Segment WW' veranschaulicht. Genau genommen ist nur $\mathbf{K}_2$, der in einer Röhre mit unendlicher Länge kontinuierliche Werte besitzt, ein reziproker Gittervektor.[84] $\mathbf{K}_1$ ist aufgrund folgender periodische Randbedingungen für $\mathbf{C}_h$ quantisiert:

$$m \cdot \lambda = C_h = \pi \cdot d. \tag{6.9}$$

Da eine Wellenfunktion nach einem Umlauf in Richtung des Umfangs wieder mit sich selbst interferieren kann, gibt es nur Lösungen mit ganzen Vielfachen der Wellenlänge λ, alle anderen löschen sich aus. m kann dabei ganzzahlige Werte von 1 - N/2 bis N/2 annehmen. Die BZ einer Nanoröhre enthält also N k-Vektoren im Abstand von $|\mathbf{K}_1| = 2/d$ in Richtung des Röhrenumfangs. Da der Linienabstand sich umgekehrt proportional zum Durchmesser d verhält, vergrößert sich die Anzahl der erlaubten k-Linien, wenn der Durchmesser d größer wird und umgekehrt. Die Länge dieser zur Röhrenachse parallelen Linien beträgt $|\mathbf{K}_2| = 2\pi/T$ und ist folglich stark von der Länge der SWNT-Einheitszelle abhängig, welche für unterschiedliche Symmetrien stark variieren kann.

6.2.2. Elektronische Bandstruktur und Zustandsdichte

Die Beschreibung der elektronischen Beschaffenheit einwandiger Kohlenstoff-nanoröhren wird, ebenso wie deren Struktur und Nomenklatur auf Graphen zurückgeführt. Durch das Aufrollen einer Graphenschicht zu einer Nanoröh-re vollzieht sich jedoch ein Übergang von einer zweidimensionalen zu einer quasi-eindimensionalen Struktur mit veränderten elektronischen Eigenschaf-ten gegenüber Graphen. Erste Beschreibungen der Bandstruktur einwandi-ger Kohlenstoffnanoröhren beruhten auf einem Ein-Teilchen-Ansatz. Mit der Näherung starker Kopplung (tight binding approximation) erhält man eine Bandstruktur,[85] die die elektronischen Eigenschaften der Nanoröhren in gu-ter Näherung widerspiegelt. Die Vorgehensweise ist folgende: Die elektronische Dispersionsrelation E($\mathbf{k}$) von Graphen wird mittels Tight-Binding Ansatz be-stimmt und $\mathbf{k}$ wird auf Vektoren begrenzt, die zur BZ einer SWNT gehören (siehe Kap. 6.2.1). Die Bandstruktur von Kohlenstoffnanoröhren lässt sich dann nach dem Prinzip der Faltung (zone folding) unter der Annahme ablei-ten, dass die Röhren dieselbe Dispersionsrelation wie Graphen besitzen. Das Prinzip der Faltung ist in Abbildung 6.3 dargestellt. Gezeigt ist die erste BZ von Graphen mit einem Konturplot der Dispersionsrelation. Die erste BZ einer Nanoröhre ist mit einem weißen Kasten gekennzeichnet. Durch die Faltung, also die periodische Fortsetzung von $\mathbf{K}_2$, wird nun ein Netz aus parallelen, er-laubten k-Vektoren über die Dispersionsrelation von Graphen gespannt. Diese Schnittlinien ergeben einen Satz eindimensionaler Dispersionsrelationen

$$E_\mu(k) = E_{g2D}\left(k\frac{\mathbf{K}_2}{|\mathbf{K}_2|} + \mu\mathbf{K}_1\right), \quad \left(\mu = 0,\ldots N-1; \; -\frac{\pi}{T} < k < \frac{\pi}{T}\right), (6.10)$$

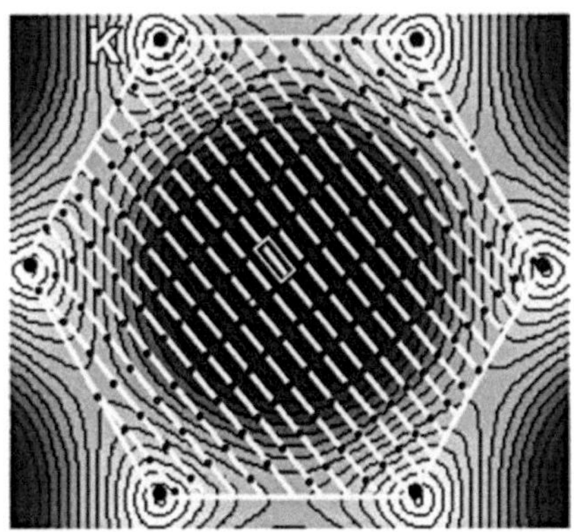

Abbildung 6.3.: Prinzip der Faltung. Gezeigt ist die wabenförmige BZ von Graphen. Die erste BZ der Nanoröhre ist mit einem Kasten gekennzeichnet.[86]

wobei E_{g2D} die Energiedispersion von Graphen bezeichnet. Geht eine Schnittlinie durch einen Symmetriepunkt K, an dem sich π- und π^*-Band von Graphen berühren, so ist die Röhre metallisch ansonsten halbleitend. Die linke Seite von Abbildung 6.4 zeigt ein stark vereinfachtes Bandstrukturdiagramm. Rechts im Bild ist die zugehörige Zustandsdichte (DOS; engl.: density of states) zu sehen. Die DOS in einwandigen Nanoröhren zeigt sogenannte van-Hove-Singularitäten, die typisch für eindimensionale nanoskalige Strukturen sind.[87] Der Abstand zwischen zwei korrespondierenden van-Hove-Singularitäten (z.B. v_1 und c_1) ist aufgrund der größenabhängigen Quantisierung der Wellenfunktionen vom Röhrendurchmesser abhängig. Mit diesem Ansatz ergibt sich für die Bandlücke E_g (in Abb. 6.4 als E_{11} gekennzeichnet) in halbleitenden SWNTs die Relation $E_g \approx 0,7\ eV/d\ (nm)$.[87]

Mit der Tight-Binding-Näherung konnten die optischen Übergänge einwandiger Nanoröhren als Band-zu-Band-Übergänge erstmals erfolgreich beschrieben und chiralen (n,m)-Indizes zugeordnet werden. Durch Anwenden dieser Näherung ergaben sich aber auch Unstimmigkeiten, wie zum Beispiel das „Ratio"-

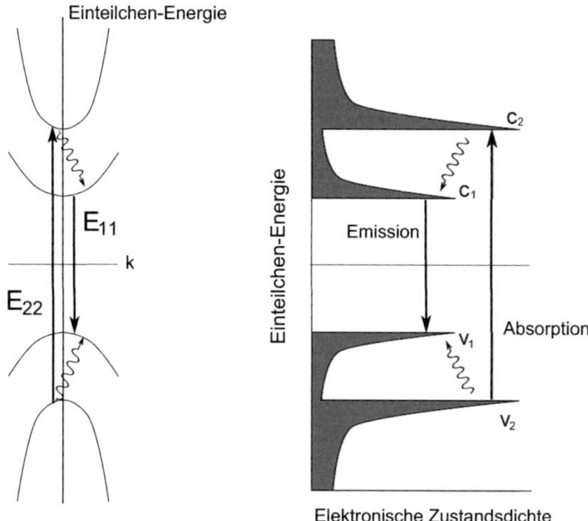

Abbildung 6.4.: Schematische Darstellung der Bandstruktur für das Ein-Teilchen-Bild (links) und korrespondierende elektronische Zustandsdichte (rechts). Lichtabsorption bzw. -emission der ersten beiden optisch erlaubten Übergänge E_{11} und E_{22} sind mit geraden Pfeilen und Relaxation ist mit gewundenen dargestellt.[87]

Problem,[74,88] die mit dem einfachen Ein-Teilchen-Ansatz allein nicht erklärbar waren. Gemäß der Ein-Elektronen-Band-Theorie sollte sich das Verhältnis E_{22}/E_{11} für große Röhrendurchmesser asymptotisch dem Wert 2 annähern.[89] Experimentell erhaltene Werte für E_{22}/E_{11} aufgetragen gegen den Durchmesser d und für große Werte von d extrapoliert ergaben jedoch nur ein Verhältnis von ca. 1,8. Darüber hinaus waren die experimentell bestimmten Bandlücken halbleitender Nanoröhren[69,90] größer als die durch das Tight-Binding-Modell vorhergesagten. Mit Einführung von Elektron-Elektron-Wechselwirkungen in die Modelle zur Beschreibung der elektronischen Bandstruktur gelang es, diese Diskrepanzen zwischen Theorie und Experiment zu erklären und man erkannte die Relevanz exzitonischer Effekte in eindimensionalen Systemen.[75]

6.2.3. Exzitonen

Exzitonen finden sich in Halbleitern und Isolatoren und bezeichnen sogenannte gebundene Elektronen-Loch-Paare, die in der Festkörperphysik als Quasiteilchen aufgefasst werden. Diese können sich normalerweise im Kristall frei bewegen und transportieren Energie aber keine Ladung. Im Festkörperbild entstehen Exzitonenzustände, wenn ein Elektron aus dem Valenzband des Halbleiters durch Energiezufuhr bis knapp unterhalb des Leitungsbands angehoben wird und im Valenzband ein „Loch" hinterlässt. Elektron und Loch sind durch die Coulomb-Anziehung aneinander gebunden. Man kann zwischen zwei Exziton-Typen unterscheiden. Beim Frenkel-Exziton ist die Größe des Exzitons, d.h. der maximale Elektron-Loch-Abstand, in der Größenordnung der Gitterkonstante, während beim Mott-Wannier-Exziton der mittlere Elektron-Loch-Abstand groß im Vergleich zur Gitterkonstante ist.[91] Theoretische Arbeiten an Nanoröhren[92,93] sowie Messungen an (6,5)-Röhren[94] geben eine Exzitongröße im Bereich von 1 bis 2 nm an, was erheblich größer als die Gitterkonstante des Graphens ist. Somit sind Exzitonen in Nanoröhren vom Mott-Wannier-Typ und die Energieniveaus E_n mit den Hauptquantenzahlen n kann man ähnlich dem Wasserstoffatom mit einer abgewandelten Rydberggleichung berechnen:

$$E_n = E_g - \frac{\mu^4}{32\pi^2\epsilon_0^2\epsilon^2\hbar^2} \cdot \frac{1}{n^2} = E_g - \frac{13,6\ eV}{n^2} \cdot \frac{\mu}{\mu_H} \cdot \frac{1}{\epsilon^2}, \ n = 1, 2, 3 \dots \quad (6.11)$$

μ ist hierbei die effektive reduzierte Masse des Exzitons, ϵ die Dielektrizitätskonstante des Materials, μ_H die reduzierte Masse des Wasserstoffatoms und E_g die Bandlücke des Halbleiters. Aus Gleichung 6.11 geht hervor, dass gebundene Exziton-Zustände mit Energien unterhalb der Leitungsbandunterkante existieren. Die Energie, die benötigt wird, das gebundene Elektron-Loch-Paar in das Kontinuum des Leitungsbands anzuheben (dabei entsteht aus dem Exziton ein freies Elektron und ein Loch, welche sich unabhängig voneinander durch die Röhre bewegen können), wird als Exzitonen-Bindungsenergie bezeichnet und durch den negativen Term in Gleichung 6.11 beschrieben. In

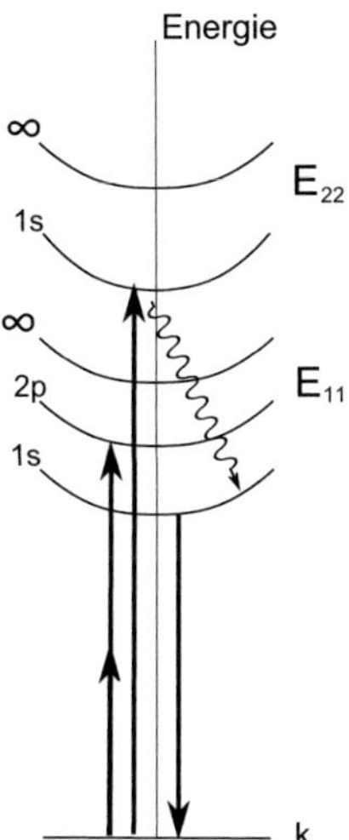

Abbildung 6.5.: Vereinfachtes Bild der Exziton-Bandstrukur. Eingezeichnet sind Ein-Photonen-Absorption- bzw. Emission sowie Zwei-Photonen-Absorption.[87]

3D-Halbleitern liegt die Bindungsenergie bei Zimmertemperatur in der Größenordnung von 10 meV, während sie bei halbleitenden Nanoröhren bis zu 1 eV betragen kann.[95] Halbleitende Nanoröhren sind aus diesem Grund ideale Systeme, um die Dynamik von Exzitonen zu untersuchen. Die große Bindungsenergie resultiert aus den erhöhten Coulomb-Wechselwirkungen und der damit verbundenen Effekte[75, 96] aufgrund der quasi-eindimensionalen Struktur der Nanoröhren. Da ein Exziton aus einem angeregten Elektron und einem Loch besteht und diese aufgrund ihrer Ladung miteinander wechselwirken, ergibt sich daraus ein Zwei-Teilchen-Problem. Abbildung 6.5 zeigt ein vereinfachtes Schema der Exziton-Bandstruktur in halbleitenden Nanoröhren.

Herausragendstes Merkmal in einem gerechneten SWNT-Absorptionsspektrum, in welchem Exziton-Effekte miteinbezogen sind, sind abgesetzte, scharfe Peaks, die nicht in das Bild einer Bandstruktur passen. Für die Bestimmung der Exziton-Energieniveaus und Ozillatorstärken kann man auf Ab-Inito-Methoden zurückgreifen.[76] Im ersten Schritt lassen sich mit Dichtefunktionaltheorie (DFT) und lokaler-Dichte-Näherung (LDA, engl.: local density approximation) die atomare Struktur des Grundzustands und die elektronischen Zustände im gemittelten Potenzialfeld berechnen. Mit DFT-Methoden kann man aber nur den Grundzustand gut abschätzen und daher versagt diese Theorie bei der Beschreibung von optischen Anregungen. Im nächsten Schritt werden daher mit einem Ein-Teilchen-Ansatz Bandenergien ϵ_j und Amplituden $\psi_j(\mathbf{r})$ bestimmt, die die Zugabe oder Wegnahme von Elektronen zu einem Medium beschreiben.[76] Mit der Dyson-Gleichung lassen sich angeregte Zustände als Einzelelektronenanregungen beschreiben:

$$\left[-\frac{\hbar^2 \nabla^2}{2m} + V_{ion}(\mathbf{r}) + V_H(\mathbf{r}) \right] \psi_j(\mathbf{r}) + \int d\mathbf{r}' \Sigma(\mathbf{r}, \mathbf{r}'; \epsilon_j) \psi_j(\mathbf{r}') \qquad (6.12)$$

$$= \epsilon_j \psi_j(\mathbf{r}).$$

V_{ion} ist dabei das attraktive Coulomb-Potenzial, dass die Kerne auf die Elektronen ausüben, V_H das repulsive elektrostatische Hartree-Feld der mittleren elektronischen Verteilung. Der zweite Term in Gl. 6.12 kann als ein energieabhängiges Streupotenzial aufgefasst werden, mit dem man die Wechselwirkungen eines angeregten Elektrons mit den anderen Elektronen des Systems beschreiben kann. Es enthält die Selbstenergie Σ. Um die Elektron-Loch-Wechselwirkungen mit einzubeziehen, wird ein Zwei-Teilchen-Ansatz für die Beschreibung der Exzitonen angewendet und durch Lösen der Bethe-Salpeter-Gleichung erhält man Exziton-Zustände sowie die Oszillatorstärken der optischen Übergänge:

$$(\epsilon_c - \epsilon_v) A_{cv}^S + \sum_{c'v'} K(\Omega_S)_{cv,c'v'} A_{c'v'}^S = \Omega_S A_{cv}^S. \qquad (6.13)$$

A_{cv} ist die Amplitude und $\Omega_S = E_S - E_0$ die Energie zwischen Grundzustand und einen angeregten Zustand S. Der sogenannte Kernel $K(\Omega_S)$ beschreibt die Wechselwirkung zwischen Elektron und Loch.

Berechnungen von Absorptionspektren ausgewählter Nanoröhren unter Anwendung der oben ausgeführten Annahmen[76,96] ergaben, dass die Selbstenergie Σ zu einer erheblichen Blauverschiebung der Bandlücken führt. Durch Berücksichtigung der attraktiven Elektron-Loch-Wechselwirkungen werden die Spektren wieder rotverschoben (wie oben bereits erwähnt, können Bindungsenergien im Bereich von 1 eV liegen), wobei die größte Absorptionsintensität nun aus dem Band-Kontinuum in die Exziton-Grundzustände transferiert worden ist (vgl. Abb. 6.7 in Kap. 6.2.6). Im Absorptionsspektrum der (9,7)-SWNT sind z.B. zwei deutlich abgesetzte Absorptionsmaxima zu sehen, die sich den ersten beiden Exziton-Übergängen E_{11} und E_{22} zuordnen lassen.

Ab-Initio-Berechnungen sagen ebenfalls die Existenz mindestens eines optisch verbotenen Zustands, eines sogenannten dunklen Exzitons, unterhalb des niedrigsten erlaubten hellen Exziton-Zustands für halbleitende Nanoröhren vorher.[87] Optisch erlaubt (hell) bzw. verboten oder schwach erlaubt (dunkel) bezieht sich in diesem Fall darauf, ob dieser Zustand in einem Ein-Photonen-Prozess angeregt werden kann oder nicht. Aufgrund des großen rechnerischen Aufwands werden diese Methoden meistens auf Sessel- und Zickzack-Nanoröhren beschränkt, da diese gegenüber den chiralen Röhren kleinere Einheitszellen besitzen. Kiliana et al.[97] benutzten für chirale halbleitende Röhren zeitabhängige DFT- und semiempirische zeitabhängige Hartree-Fock-Methoden, um elektronische Eigenschaften wie die relative Lage von hellen und dunklen exzitonischen Zuständen und deren Energieaufspaltung zu beschreiben. Sie fanden für den ersten angeregten Übergang in Übereinstimmung mit Zhao et al.[98,99] in halbleitenden Nanoröhren 4 exzitonische Zustände, wovon der energetisch am höchsten gelegene hell und der niedrigste dunkel ist. Die beiden Zustände dazwischen sind schwach erlaubt und annähernd entartet. Für die Aufspaltung zwischen niedrigsten und höchstem Niveau erhielten sie einen nur geringfügig von der Chiralität der Röhren beeinflussten Wert von etwa 100 meV.

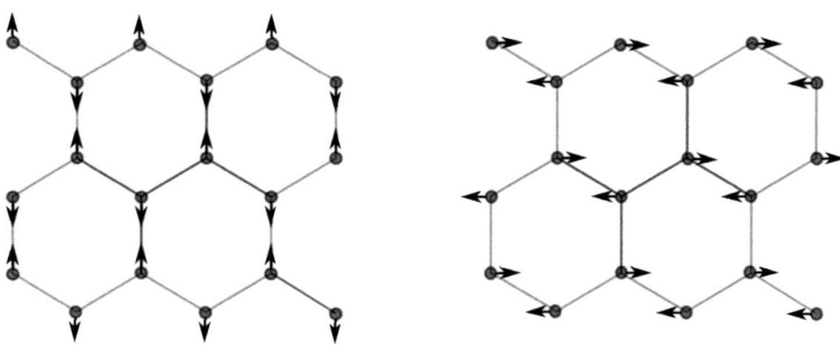

Abbildung 6.6.: Entartete E_{2g}-Mode des Graphens; auch als TO bzw. LO (transversal optical bzw. longitudinal optical) bezeichnet.

6.2.4. Exziton-Phonon-Kopplung

Exzitonen können sowohl mit niedrig energetischen (akustischen) als auch mit hochenergetischen (optischen) Schwingungen des Graphengitters in Wechselwirkung treten, was als Exziton-Phonon-Kopplung bezeichnet wird. In Fluoreszenzstudien wurden exzitonische Seitenbänder detektiert, die den bereits theoretisch vorhergesagten[100] gebundenen Exziton-Phonon-Zuständen zugeordnet werden konnten.[77,101] Die Seitenbänder lagen etwa 200 meV oberhalb der Exziton-Zustände und wurden der Kopplung des Exziton-Zustands mit der sogenannten G-Bande der Nanoröhre zugeordnet.

Die Bande zwischen 1500 und 1600 cm^{-1}, die sowohl bei metallischen als auch bei halbleitenden Nanoröhren detektiert wurde, wird G-Bande genannt, da sie auf die Raman-aktive E_{2g}-Schwingung des Graphits zurückzuführen ist. Im Graphit ist die E_{2g}-Mode eine entartete Schwingung in der Ebene des Graphengitters mit einer Wellenzahl von 1582 cm^{-1}.[102] In Abbildung 6.6 sind die beiden optischen E_{2g}-Moden einer Graphenschicht dargestellt. In einer Nanoröhre wird diese Entartung aufgehoben, da es aufgrund der Verzerrung des Wabengitters durch die Krümmung in Richtung des Umfangs zu einem

Symmetriebruch der E_{2g}-Mode kommt. Darüber hinaus ist entsprechend der Dispersionsrelation der Röhren der Phonon-Wellenvektor in Richtung des Umfangs quantisiert[103] (vgl. auch Kap. 6.2.1). Man erhält 6 symmetrieerlaubte Schwingungen, die sich in die höherfrequente G^+-Bande und in die niederfrequentere G^--Bande unterteilen.

Starke Kopplungen zwischen dem Übergangsdipolmoment exzitonischer Übergänge und der Energie optischer Phononen haben nicht nur Auswirkungen auf die Absorptionsspektren der Nanoröhren, sondern es wird angenommen, dass sie auch die Lebensdauern und somit Fluoreszenzquantenausbeuten der angeregten Zustände beeinflussen. Optische Phononen können in halbleitenden Nanoröhren Energie aus angeregten Exzitonzuständen aufnehmen und über Innere Konversion an den Grundzustand abgeben.[104]

6.2.5. Einflüsse der Umgebung

Die wichtigsten optischen Methoden zur Untersuchung von Nanoröhren sind Absorptions-, Raman-, und Photolumineszenz(PL)-Spektroskopie, die auf eine Vielzahl von unterschiedlich aufbereiteten Proben angewendet wurden. So zeigten Messungen an Suspensionen andere Ergebnisse als Messungen an isolierten Röhren, was einerseits auf Einflüsse des Lösungsmittels und/oder des Suspensionsvermittlers und andererseits auf Aggregationseffekte zurückzuführen ist.

Kohlenstoffnanoröhren neigen dazu, während des Wachstumsprozesses hexagonal gepackte Bündel und Stränge aufgrund von großen van-der-Waals-Bindungsenergien zu bilden. Diese kohäsiven Energien sind abhängig vom Röhrendurchmesser d und betragen etwa 300 meV/Å für Röhren mit d $\approx$ 1–2 nm.[105] Da die Röhren im Schnitt einige 100 nm lang sind, werden die van-der-Waals-Wechselwirkungen sehr groß, wenn die Röhren sich parallel zueinander ausrichten. Diese Wechselwirkung der Röhren untereinander führt zu einer Rotverschiebung und Abschwächung der Absorptionsbanden sowie zur Unterdrückung der Fluoreszenz in halbleitenden Nanoröhren.[74] Aber nicht nur der Bündelungsgrad, sondern auch Wechselwirkungen mit dem Benetzungsmittel können das Absorptionsverhalten verändern.[106] Hertel et al.[107] konnten anhand von Photolumineszenz-Messungen an in Wasser suspendierten Nanoröhren zeigen, dass die PL-Zerfallszeit sehr sensitiv auf unterschiedliche Suspensionsvermittler reagiert. Das eine Nanoröhre umgebende dielektrische Medium hat einen gewissen Einfluss auf deren Eigenschaften, da ein Exziton bei hinreichend kleinem Röhrenradius verhältnismäßig groß ist und Elektron-Elektron- sowie Elektron-Loch-Wechselwirkungen zum Teil durch das Medium abgeschirmt werden. Miyauchi et al.[108] geben einen einfachen Ausdruck für die effektive Dielektrizitätskonstante κ als Funktion der Dielektrizitätskonstante des Mediums κ_{env} sowie der Dielektrizitätskonstante innerhalb einer Nanoröhre κ_{tube}:

$$\frac{1}{\kappa} = \frac{C_{tube}}{\kappa_{tube}} + \frac{C_{env}}{\kappa_{env}}, \tag{6.14}$$

mit C_{tube} und C_{env} als Koeffizienten. Hagen et al.[79] führten Messungen an individuellen Nanoröhren bei 87 K durch und stellten fest, dass die PL-Zerfallszeiten um fast eine Größenordnung variierten, was sie lokalen Veränderungen der dielektrischen Umgebung der Nanoröhren aufgrund von Inhomogenitäten in der Verteilung des Benetzungsmittels zuschrieben.

6.2.6. Darstellung und Charakterisierung der Proben

Die hier untersuchten SWNTs wurden mittels Laser-Ablation (PLV, engl.: pulsed laser vaporization) am Karlsuher Institut für Technologie (KIT) hergestellt und durch F. Hennrich zur Verfügung gestellt. Die Laser-Ablations-Methode wurde von Smalley und Mitarbeitern entwickelt und liefert einwandige Kohlenstoffnanoröhren in guter Qualität und hohen Ausbeuten.[109] Ein Nickel-Cobalt-Graphit-Target wird unter Argonatmosphäre durch Bestrahlung mit einem gepulsten Laser in einem Ofen bei 1000 °C verdampft.[1] Das Nanoröhrenmaterial wird im Argonstrom aus dem Reaktionsvolumen hinausgetragen und kondensiert in kälteren Regionen der Reaktionsapperatur aus.[110]

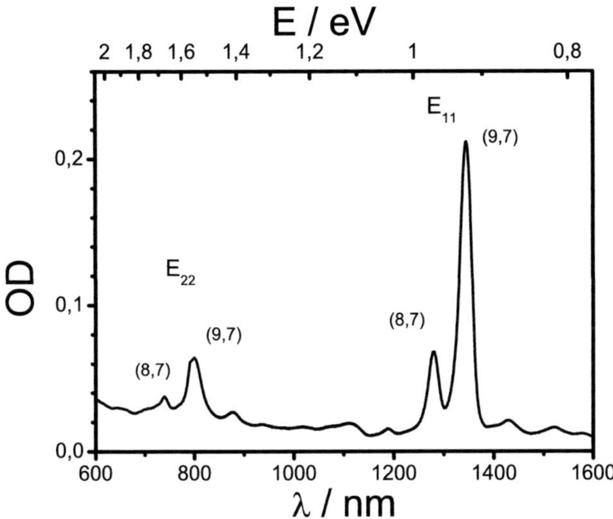

Abbildung 6.7.: Vis-NIR-Spektrum der in Toluol gelösten Nanoröhren-Probe. Der POF-Zusatz dient zur Verhinderung von Bündelung. Gezeigt sind die ersten (E_{11}) und zweiten (E_{22}) optisch erlaubten Exziton-Übergänge der (9,7)- und (8,7)-Röhren.

Aus dem Herstellungsverfahren resultiert eine bestimmte Verteilung unterschiedlicher Nanoröhrenspezies. Das Rohmaterial wurde zusammen mit 0,1 Gew.-% des Tensids Poly[9,9-dioctylfluorenyl-2,7-diyl] (POF) in Toluol suspendiert. Das Polymer reagiert selektiv auf bestimmte (n,m)-Spezies und verhindert zusätzlich die Aggregation der einzelnen Röhren untereinander. Diese Vorgehensweise führt zu nahezu monodispersen Suspensionen, deren Hauptkomponenten halbleitende (9,7)-Röhren, mit ca. 75 Mol-%, und zu einem geringeren Anteil (8,7)-Röhren in Toluol darstellen.[111] Zur Charakterisierung der Probe wurden Photolumineszenzspektren[1] und Vis-NIR-Spektren (Varian Carey 5E) aufgenommen. Aus diesen Spektren kann man auf die Zusammensetzung der Probe schließen.[112] In Abbildung 6.7 ist das Absorptionsspektrum der untersuchten Probe dargestellt. Im nahen Infrarot sind die Banden des ersten optisch erlaubten Exziton-Übergangs E_{11} der (9,7)-Röhre bei 1344 nm und der (8,7)-Komponente bei 1280 nm zu sehen. Die Banden des zweiten optisch erlaubten Exzitonübergangs sind im Sichtbaren zwischen 700 und 800 nm zu finden. Der Polymerzusatz (POF) absorbiert im nahen UV. Ein niedriger Untergrund und scharfe Absorptionspeaks sind charakteristisch für gut isolierte und dispergierte SWNTs ohne Bündelung, Verunreinigungen oder anderen amorphen oder graphitähnlichen Kohlenstoffverbindungen.[113] Die Längenverteilung einer Probe liegt typischerweise bei etwa (400 ± 200) nm.[114] Die Proben waren über mehrere Wochen haltbar.

6.3. Experimentelle Bedingungen

Alle Messungen an den (9,7)-Röhren wurden an dem im Kapitel 3.4.3 beschriebenen Femtosekunden-Messsystem durchgeführt. Sowohl die Wellenlänge des Pump- als auch die des Abfragepulses wurde von den zwei NOPA-Systemen mit einer jeweiligen Pulsdauer von etwa 60 fs bei einer spektralen Breite von ungefähr 50 nm bereitgestellt. Die Proben wurden bei 1344 nm sowie 1109 nm angeregt und zwischen 1305 und 1600 nm abgefragt. Die experimentelle Zeitauflösung war im Bereich von 160 fs. Die Photonenfluenz des Anregungspulses betrug unter $2 \cdot 10^{13}$ cm^{-2} und befand sich damit in dem Bereich, in dem die Signalhöhe linear mit der Anregungsintensität skaliert und auch die Relaxationszeiten bzw. die Dynamik der beobachteten Prozesse unabhängig von dieser sind.[115] Bei Anregungsdichten, die 10^{14} cm^{-2} übersteigen, kann es zu Exziton-Exziton-Auslöschung oder Auger-Rekombination kommen.[79] Aber auch im linearen Bereich kann nicht ganz ausgeschlossen werden, dass aufgrund des großen Absorptionsquerschnitts von Nanoröhren pro Pumppuls mehrere Elektron-Loch-Paare in einer Röhre gebildet werden.[87]

Die Proben befanden sich in einer Quarzglas-Standküvette (Fa. Hellma) mit einer optischen Schichtdicke von 1 mm. Für die durchgeführten Messreihen wurden insgesamt drei verschiedene Proben von (9,7)-SWNTs in Toluol/POF

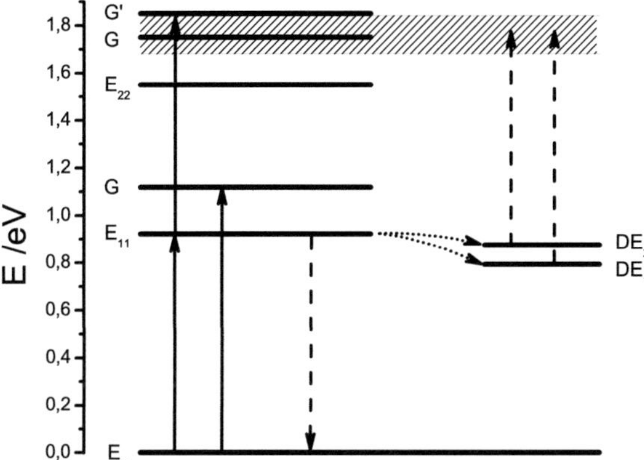

Abbildung 6.8.: Vereinfachtes Energieniveauschema einer (9,7)-Röhre. Die Anregung der Röhre ist mit durchgezogenen Pfeilen und die Abfrage mit gestrichelten Pfeilen dargestellt. Die schraffierte Fläche zeigt das energetische Spektrum des Abfragepulses (1380 nm –1600 nm).

verwendet, deren optische Dichten im Bereich des ersten angeregten Exziton-Zustands (1344 nm) einen Wert zwischen 0,2 und 0,3 hatten. Um eine transiente Antwort des Lösungsmittels Toluol sowie des Zusatzes Poly[9,9-dioctyl-fluorenyl-2,7-diyl] auszuschließen, wurden zeitaufgelöste Messungen an einer Toluol/POF-Lösung durchgeführt, die aber keine induzierte Transmission im untersuchten Wellenlängenbereich zeigten.

6.4. Ergebnisse und Diskussion

Abbildung 6.8 zeigt in vereinfachter Form das Energieniveauschema der (9,7)-Röhre. Eingezeichnet sind die ersten beiden optisch erlaubten (hellen) Exzitonzustände E_{11} und E_{22}, die optisch nicht erlaubten (dunklen) Exzitonzustände DE_1 und DE_2 sowie die G-Moden und die Obertonschwingung G'. Anregung sowie Abfrage verschiedener Zustände der Nanoröhre mit einem Femtosekundenpuls sind als durchgehende bzw. gestrichelte Pfeile eingezeichnet. Die Relaxation des Systems aus dem E_{11}-Zustand in die beiden dunklen Zustände ist durch die gepunkteten Pfeile dargestellt.

Die (9,7)-Röhre besitzt bei 1344 nm (922,5 meV) ein Absorptionsmaximum, das dem Übergang vom Grundzustand in den ersten optisch erlaubten Exzitonzustand E_{11} zugeordnet werden kann (vgl. auch Abb. 6.7 und 6.8). Der E_{11}-Übergang der zu einem geringeren Anteil ebenfalls in der Probe enthaltenen (8,7)-Röhre befindet sich mit 1280 nm bei einer zentralen Pumpwellenlänge von 1344 nm und einer spektralen Breite von 50 nm außerhalb des Anregungsbereichs, so dass die erhaltenen Signale nach Anregung mit 1344 nm ausschließlich der (9,7)-Röhre zugeordnet werden können. Ähnlich verhält es sich bei einer Anregung der Probe mit 1109 nm (1118 meV), was dem Übergang der (9,7)-Röhre vom Grundzustand in den E_{11}-Zustand mit gleichzeitiger Anregung der G-Mode entspricht. Wenn man annimmt, dass die G-Bande bei beiden Röhrentypen eine Energie von ca. 200 meV besitzt (vgl. Kap. 6.2.4), so liegt die phononengekoppelte E_{11}-Anregung der (8,7)-Röhre bei ca. 1170 meV, also 1060 nm. Die Anregung dieses Übergangs durch einen 1109 nm Puls mit einer spektrale Breite von ca. 50 nm ist somit ebenfalls vernachlässigbar.

6.4.1. Anregung und Abfrage des ersten hellen Zustands

Unter Anregung des ersten optisch erlaubten Zustands der (9,7)-Röhre wird sowohl der resonante als auch der phononenassistierte Übergang aus dem elektronischen Grundzustand in den E_{11}-Zustand verstanden.
Photolumineszenzanregungsspektren an einer (9,7)-Nanoröhrenprobe zeigen unter anderem Emissionspeaks, die auf Elektron-Phonon-Kopplungsprozesse schließen lassen.[1] Besteht eine Kopplung zwischen einer Gittermode und einem angeregtem Exziton, so kann ein Energietransfer stattfinden und Energie an das Gitter abgegeben oder von diesem aufgenommen werden (s. Kapitel 6.2.4). Die resonante Anregung und Abfrage des E_{11}-Zustandes soll mit der phononenassistierten Anregung, d.h. einer Anregung mit 1109 nm mit anschließender resonanter Abfrage von E_{11} verglichen werden, um auf diese

Weise Aussagen über die Geschwindigkeit dieser Kopplungsprozesse treffen zu können. Die Diagramme (a) und (b) in Abbildung 6.9 zeigen sowohl resonante als auch Anregung in die G-Mode des ersten angeregten Exzitonzustandes und die resonante Abfrage mit 1344 nm. Bei beiden Signalen ist transientes Ausbleichen zu sehen, das innerhalb von 100 ps wieder auf 0 ansteigt. Die Amplituden der Transienten wurden auf ihren jeweiligen positiven ΔOD-Wert bei 2 ps normiert und im Diagramm (c) in Abbildung 6.9 übereinandergelegt, um zu zeigen, dass der zeitliche Verlauf der Transienten zu längeren Zeiten hin identisch ist. Zu kurzen Zeiten, im 1 ps-Bereich, kommt bei der resonanten Anregung eine zusätzliche schnelle Komponente hinzu, die bei der Anregung der Probe mit 1109 nm fehlt. Die Signale wurden durch folgende Funktion angepasst (durchgezogene Linien in Abb. 6.9):

$$\Delta OD = \left(1 + erf\left(\frac{\sqrt{4\ln 2}\cdot t}{\tau_{ex}}\right)\right) \cdot \sum_{i=1}^{N}\left(A_i \exp\left(-\frac{t}{\tau_i}\right)\right). \qquad (6.15)$$

Die experimentelle Zeitauflösung ist durch τ_{ex} gegeben,[116] τ_i und A_i werden den Zeitkonstanten und Amplituden der einzelnen laserpulsinduzierten Prozesse i der Nanoröhrenprobe zugeordnet. Die experimentell erhaltenen Kurven in Diagramm (a) und (b) wurden triexponentiell bzw. biexponentiell angepasst.

Zunächst sollen die Zeitkonstanten zu späteren Zeiten betrachtet werden. Man erhält für die direkte wie auch für die phononenassistierte Anregung der Nanoröhren mit $\tau_2 = (2,2\pm0,5)$ ps und $\tau_3 = (32\pm4)$ ps zwei Zeitkonstanten auf zwei unterschiedlichen Zeitskalen für die Relaxation der (9,7)-Röhre aus dem E_{11}- in den Grundzustand. Die größere Zeitkonstante τ_3 wird der Lebensdauer des E_{11}-Zustandes zugeordnet.[71] Die Lebensdauer des Exzitons wird generell durch Auslöschungsprozesse an Gitterdefekten limitiert. Der Ursprung von τ_2 ist nicht gänzlich geklärt und wird allgemein der Relaxation aufgrund von Defektstrukturen oder Bündelungseffekten zugeordnet.[71] Die Amplituden A_1 und A_2 sind Gewichtungsfaktoren und geben an, wie groß der Beitrag

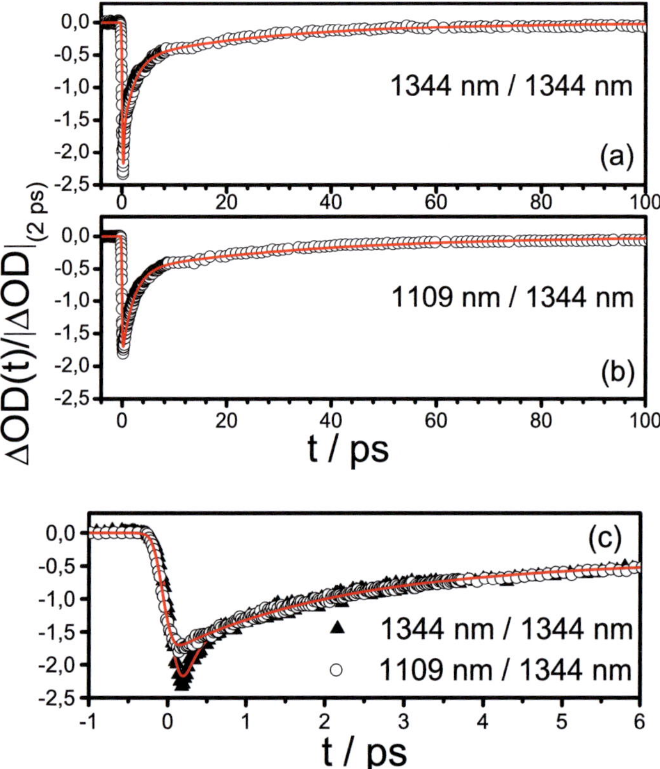

Abbildung 6.9.: Zeitaufgelöste transiente Absorptionsmessungen an in Toluol/POF suspendierten (9,7)-SWNTs. Werte und die durchgezogenen Kurven entsprechen der Anpassung nach Gleichung 6.15. Abfragewellenlänge ist bei beiden Messungen 1344 nm. (a) resonante Anregung mit 1344 nm bzw. (b) phononenassistierte Anregung des ersten optisch erlaubten Exziton-Zustands E_{11} mit 1109 nm. Die Transienten sind zum besseren Vergleich durch ihren positiven ΔOD-Wert bei 2 ps normiert. (c) Vergleich der beiden Transienten zu kurzen Zeiten.

der einzelnen Exponentialfunktionen in Gleichung 6.15 zum Gesamtsignal ist. Definiert man über

$$w_i = \frac{A_i}{A_2 + A_3}, \qquad i = 2, 3 \tag{6.16}$$

das relative Gewicht w_i der Komponente i, so erhält man sowohl bei Anregung mit 1344 nm als auch mit 1109 nm eine relative Amplitude von 70 % für die schnelle Komponente 2 bzw. 30 % für Komponente 3. Der Vergleich zeigt, dass in beiden Signalen trotz unterschiedlicher Anregungsenergie die gleichen schnellen und langsamen Komponenten beobachtet werden und darüber hinaus im gleichen Verhältnis. Das deutet darauf hin, dass die Schwingungsrelaxation in den E_{11}-Zustand aufgrund der Kopplung zwischen G-Mode und Exziton einzig durch die Pulsdauer begrenzt wird und daher schneller als 60 fs ist. Dieses Ergebnis steht im Einklang mit gerechneten Literaturwerten der Exziton-Phonon-Kopplungszeiten τ_{Ph}, die in Abhängigkeit der statischen Dielektrizitätskonstante κ (s. Kap. 6.2.5) berechnet wurden. Für $\kappa = 2$ ergab sich zum Beispiel eine Kopplungskonstante von $\tau_{Ph} = 90$ fs.[100] $\kappa = 2$ wird häufig verwendet, um die Abschirmung zu beschreiben, die eine Röhre im Vakuum erfährt.[108] Für eine relativ hohe Dielektrizitätskonstante mit dem Wert 4, mit dem die Autoren z.B. Nanoröhren umschlossen von SiO_2 beschrieben,[92] ergab sich $\tau_{Ph} = 33$ fs. Avouris et al. verwendeten für ihre Modellierung an Nanoröhren in Lösung einen κ-Wert von 3,3.[104] Aus den aufgeführten Literaturwerten geht hervor, dass die Energieumverteilung aufgrund der Kopplung zwischen Exziton und G-Mode von Röhren in Toluol schneller als 90 fs ist und durchaus im Bereich von 60 fs oder kleiner liegen kann.

In Abbildung 6.9 (c) ist eine schnelle Komponente in der Größenordnung von 100 fs erkennbar, die in dieser Ausprägung nur bei Anregung mit 1344 nm auftritt. Untersuchungen an Nanoröhren weisen auf schnelle Exziton-Exziton-Auslöschungsprozesse abhängig von der Pumppulsintensität hin.[94, 117, 118] Die gegenseitige Auslöschung zweier Exzitonen kann als bimolekularer Prozess betrachtet werden, der zur Depopulation des angeregten Zustands führt. Treten zwei Exzitonen zum Beispiel im ersten erlaubten Exzitonband E_{11} der Röhre miteinander in Wechselwirkung, kann ein Exziton unter Abgabe seiner Anregungsenergie an das zweite Exziton in den Grundzustand relaxieren. Das zweite Exziton wird dabei mit doppelter E_{11}-Energie in das zweite erlaubte Exzitonband E_{22} angeregt. Anschließende ultraschnelle Relaxation aus E_{22} auf einer Zeitskala kleiner 50 fs[117,119] führt zur erneuten Bevölkerung der E_{11}-Bande. Ursache für das Fehlen der schnellen Zeitkomponente bei Anregung mit 1109 nm kann die schnelle Exziton-Phonon-Kopplung innerhalb 60 fs sein. Da die durch den 1109 nm Pumppuls induzierte Besetzung des phononengekoppelten Zustands hochgradig dispersiv ist, kann sie innerhalb dieser Zeit außer in den E_{11}-Zustand auch in andere Zustände gestreut werden. Bei resonanter Abfrage des ersten angeregten hellen Exzitonzustands nach Anregung mit 1109 nm ist die Besetzung daher kleiner als bei dem entarteten Experiment. Aus diesem Grund ist die Wahrscheinlichkeit einer gegenseitigen Exziton-Auslöschung sehr gering. Lüer et al. führten Anregungs-Abfrage-Experimente an (6,5)-Nanoröhren in Abhängigkeit der Intensität des Anregungspulses durch.[94] Um die sublineare Abhängigkeit des Anfangssignals bei Intensitäten über 18 $\mu J/cm^2$ erklären zu können, schlossen sie auch die Möglichkeit von zusätzlichen Absorptionsprozessen, die quadratisch von der Intensität des Pumppulses abhängig sind, wie 2-Photonenabsorption in ihre Betrachtungen mit ein.

Bei einer Anregungs-/Abfragewellenlänge von 1109/1109 nm erhält man nach Anregung ebenfalls ein schwach negatives transientes Ausbleichen, wie aus Abbildung 6.10 ersichtlich ist. Das Signal lässt sich mit den zwei Zeitkonstanten $\tau_2 = (2,2 \pm 0,5)$ ps und $\tau_3 = (32 \pm 4)$ ps anpassen, mit dem auch die Transienten der Wellenlängenkombinationen 1344/1344 nm und 1109/1344 nm angepasst wurden. Trotz vergleichbarer Intensität des Pumppulses, d.h. die Anzahl der angeregten Moleküle ist etwa gleich groß, ist das Anfangsausbleichen bei 1109/1109 nm mit einem ΔmOD_{min} von ca. -1,1 viel geringer als bei 1109/1344 nm (ΔmOD_{min} ca. -30). Ist die Exziton-Phonon-Kopplung,

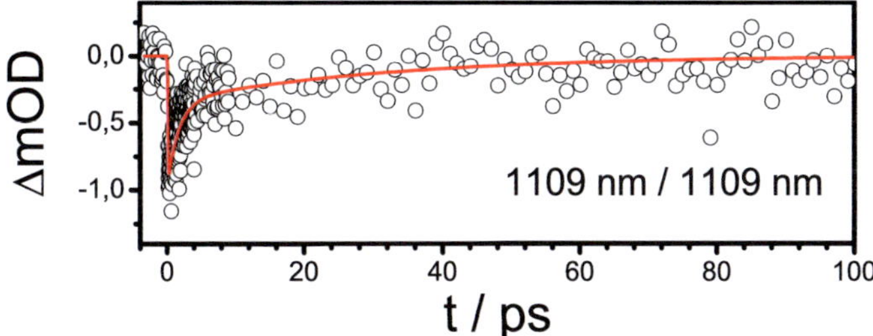

Abbildung 6.10.: Zeitaufgelöste transiente Absorptionsmessung an in Toluol/POF suspendierten (9,7)-SWNTs bei einer Anregungs- bzw. Abfragewellenlänge von 1109 nm. Die offenen Kreise bezeichnen die experimentell erhaltenen Werte und die durchgezogene Kurve entspricht der Anpassung nach Gleichung 6.15.

wie oben diskutiert, zeitlich im Bereich der Pulslänge, sieht der 1109 nm-Abfragepuls nur einen leeren phononassistierten E_{11}-Zustand und kann keine Emission induzieren. Der Beitrag zum Signal besteht dann nur aus Grundzustandsausbleichen.

6.4.2. Anregung des ersten hellen Zustands und Abfrage der dunklen Zustände

Die beiden dunklen Exzitonzustände DE_1 und DE_2 liegen ca. 130 bzw. 48 meV unterhalb des E_{11}-Zustandes.[1] Um die zeitabhängige Populierung bzw. Depopulierung dieser dunklen Zustände zu beobachten, wurde sowohl resonant in den E_{11}-Zustand als auch in die G-Bande des E_{11}-Zustands angeregt und die Abfragewellenlänge im Bereich von 1305 bis 1600 nm variiert. In Abbildung 6.11 sind die erhaltenen Transienten dargestellt. Zum besseren Vergleich wurden die Signale auf das erste ΔOD-Maximum (bei den negativen Signalen auf das Minimum) normiert.

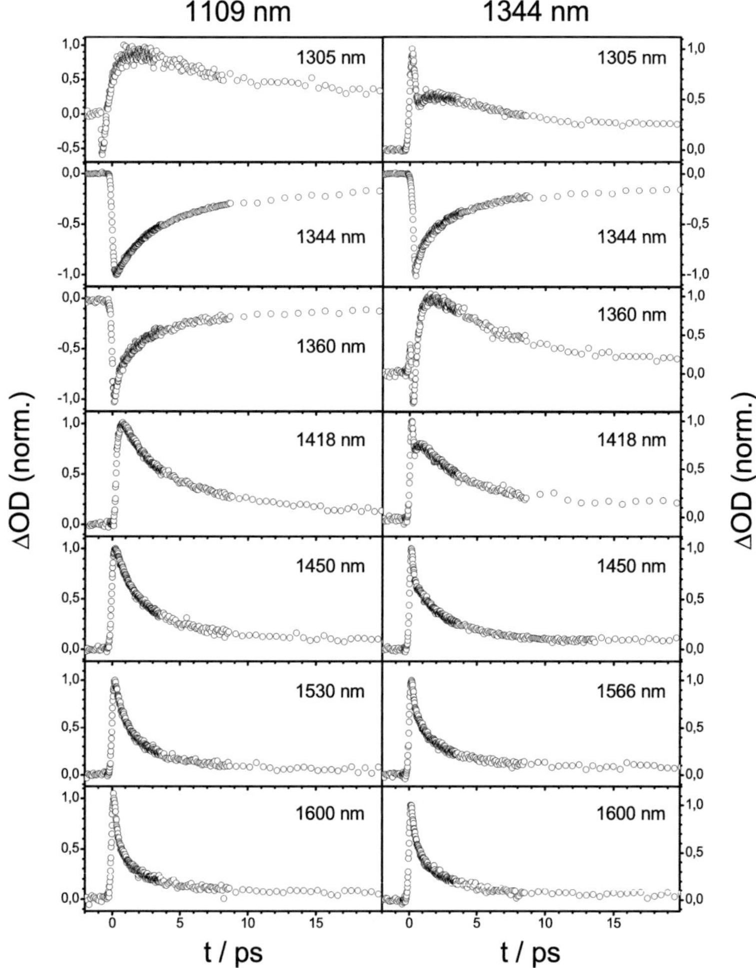

Abbildung 6.11.: Normierte Absorbanz-Zeit-Profile der (9,7)-Röhre nach Anregung bei 1109 nm (links) bzw. 1344 nm (rechts). Die Abfragewellenlänge ist bei jedem Messsignal angegeben.

Bei der Anregungs-/Abfrage-Kombination 1344/1305 nm ist bei kleinen Verzögerungszeiten ein schneller zeitlicher Abfall innerhalb der experimentellen Auflösung zu sehen, der einer [1+1]-Photonen-Absorption im Bereich des zweiten angeregten Exziton-Zustands E_{22} zugeordnet werden kann. Die Energien von Anregungs- und Abfragepuls ergeben zusammen 1,87 eV; d.h. durch Kopplung mit der G'-Mode, die eine Energie von ca. 300 meV besitzt, kann eine E_{22}-Anregung stattfinden (s. Abb. 6.8).[1] Der schnelle Abfall innerhalb der experimentellen Zeitauflösung ergibt sich aus der Relaxation des angeregten Zustands innerhalb von 50 fs.[117,119] Ist die Lebensdauer eines angeregten Zustands kleiner als die Pulsdauer des Lasers, erhält man zu kleinen Verzögerungszeiten das Korrelationssignal von Anregungs- und Abfragepuls. Danach erfolgt ein weiterer Anstieg des Signals zu einem Maximum bei etwa 2 ps, gefolgt von einem Abfall, der sich biexponentiell anpassen lässt. Das zweite Maximum ist als Be- und Entvölkerung eines dunklen Zustands nach Anregung in den E_{11}-Zustand interpretierbar. Die durch den Abfragepuls induzierte Absorption wird dann durch den G-phononassistierten Übergang zwischen dem dunklen Zustand und E_{22} hervorgerufen. Bei Anregung mit 1109 nm wird das Signal zu kurzen Zeiten zunächst negativ und geht dann über ein positives Maximum. Hier scheint es zu einer Überlagerung des Signals aufgrund unterschiedlicher photoinduzierter Prozesse zu kommen. Die Lage des Maximums ist in diesem Fall also kein Hinweis auf die Bevölkerung eines dunklen Zustands.

Bei einer Abfragewellenlänge von 1344 nm erhält man bei beiden Pumpwellenlängen ein negatives Signal. Bei Abfrage mit 1360 nm jedoch ist dem negativen Signal bereits wieder ein positives Signal überlagert, was sich bei Anregung mit 1109 nm in einer verkürzten Zeitkonstante τ_2 und bei Anregung mit 1344 nm in einem positiven Maximum äußert. Ein positives ΔOD-Signal bedeutet, dass durch den Probepuls die Besetzung des abgefragten Zustands in einen höheren angeregt und Absorption induziert wird. Das spektrale Fenster für optisches Ausbleichen bzw. stimulierte Emission ist daher nur für einen schmalen Bereich der Abfragewellenlängen um 1344 nm offen.

Wird bei 1418 nm abgefragt, ist bei einer Anregungswellenlänge von 1344 nm wiederum ein zweites Maximum zwischen 0,5 und 1 ps zu erkennen, das auf den zweiten gesuchten dunklen Exziton-Zustand verweist. Der Energieunterschied zwischen den beiden Abfragewellenlängen 1305 nm und 1418 nm beträgt 70 meV, was in etwa dem experimentell gemessenen Abstand zwischen DE_1 und DE_2 entspricht.[1] Hieraus kann man folgern, dass die Transiente bei einer Anregungs-/Abfragewellenlänge von 1344/1305 nm die Dynamik des ersten dunklen Exziton-Zustands DE_1 und die Transienten bei 1109/1418 nm bzw. 1344/1418 nm entsprechend die des DE_2-Zustands widerspiegeln.

Die Abfragewellenlängen 1418 nm sowie 1566 nm entsprechen dem Energieunterschied zwischen dem DE_2- bzw. DE_1-Zustand und dem Grundzustand. Ursache für das Fehlen eines negativen Signals aufgrund von optischem Ausbleichen oder stimulierter Emission ist die für Nanoröhren typische schwache Lumineszenzquantenausbeute. Lebedkin et al.[1] schätzten die Photolumineszenzquantenausbeute des E_{11}-Zustands der (9,7)-Röhre auf etwa 1,1 % und die der dunklen Zustände auf sehr viel geringer. Mit dem hier verwendeten Messaufbau lassen sich Signale bis zu etwa 0,1 ΔmOD sinnvoll auflösen. Das bedeutet, wenn die Proben bei 1344 nm eine optische Dichte von 0,1 besitzen, dass ungefähr 0,1 % der angeregten Moleküle fluoreszieren müssen, um ein detektierbares Signal zu erhalten. Erschwerend kommt hinzu, dass in diesem System bei fast jeder Abfragewellenlänge induzierte Absorption auftritt, die eine schwache Fluoreszenz überdeckt.

Die Absorbanz-Zeit-Profile der Abfragewellenlängen von 1430 nm bis 1600 nm lassen sich in Abhängigkeit der Anregungswellenlänge entweder bi- oder triexponentiell anpassen. In Tabelle 6.1 sind die Relaxationszeiten sowie die relativen Amplituden w_3 in Abhängigkeit von Pump- und Probewellenlänge aufgelistet. Die schnelle Komponente zu kurzen Verzögerungszeiten in der Größenordnung von 100 fs tritt nur bei resonanter E_{11}-Anregung mit 1344 nm

Tabelle 6.1.: Relaxationszeiten und relatives Gewicht w_3 (s. Gl. 6.16) aus den Messungen an (9,7)-Nanoröhren bei Anregung mit 1344 nm sowie 1109 nm. Die Zeitkonstanten wurden durch Anpassung der Signale an Gleichung 6.15 nach der Methode der kleinsten Fehlerquadrate erhalten.

$\lambda_{Anregung} \rightarrow$	1109 nm				1344 nm			
$\lambda_{Abfrage} \downarrow$ [nm]	τ_1 [fs]	τ_2 [ps]	τ_3 [ps]	w_3	τ_1 [fs]	τ_2 [ps]	τ_3 [ps]	w_3
1344	–	2,2	33	0,29	139	2,5	32	0,28
1430	–	–	–	–	84	1,8	24	0,28
1450	–	1,9	25	0,21	60	2,0	21	0,28
1530	–	1,6	22	0,22	67	1,6	19	0,21
1566	–	1,4	18	0,15	198	1,6	19	0,21
1600	100	1,6	26	0,22	304	2,1	21	0,18

sowie bei der Anregungs-/Abfragekombination 1109/1600 nm auf. Das zeitliche Verhalten dieser Transienten ist dem bei 1109/1344 nm bzw. 1344/1344 nm ähnlich. Die schnelle Komponente im 100 fs-Bereich bei kleinen Verzögerungszeiten bei resonanter Anregung und Abfrage von E_{11} wurde Exziton-Exziton-Auslöschungsprozessen zugeordnet und das Fehlen dieser Komponente bei phononenassistierter Anregung auf Streuprozesse. Der schnelle Abfall des ΔOD-Signals am Anfang ist auch als [1+1]-Photonen-Absorption interpretierbar, jedoch legen die Ergebnisse aus Kapitel 6.4.1 nahe, dass Exziton-Exziton-Auslöschungsprozesse zumindest teilweise involviert sind. In erster Näherung unabhängig von der Pumpwellenlänge variieren τ_2 zwischen 1,4 und 2,1 ps und τ_3 zwischen 18 und 26 ps. Im Vergleich zu den Zeitkonstanten bei Abfrage mit 1344 nm liegt τ_2 innerhalb der Fehlergrenzen, τ_3 ist ein wenig verkürzt aber in der gleichen Größenordnung. Den beiden Zeitkonstanten können demnach analog Relaxation aufgrund von Defekten oder Bündelung der Nanoröhren (τ_2) sowie die Lebensdauer von E_{11} zugeordnet (τ_3) werden.

Tabelle 6.2.: Zeitkonstanten aus den Messungen an (9,7)-Röhren bei Anregung mit 1344 nm sowie 1109 nm und Abfrage zwischen 1388 und 1418 nm. Die Zeitkonstanten wurden durch Anpassung der Transienten an Gleichung 6.17 nach der Methode der kleinsten Fehlerquadrate erhalten.

$\lambda_{Anregung} \rightarrow$	1109 nm			1344 nm		
$\lambda_{Abfrage} \downarrow$ [nm]	τ_1 [ps]	τ_2 [ps]	τ_3 [ps]	τ_1 [ps]	τ_2 [ps]	τ_3 [ps]
1305	–	–	–	0,9	2,4	26
1380	0,2	3,2	17	0,4	4,1	22
1400	0,2	3,1	15	0,4	3,4	22
1418	0,2	2,3	15	0,4	2,5	19

Abbildung 6.12 zeigt den Abfragewellenlängenbereich um 1400 nm genauer. Man kann bei allen gezeigten Transienten den Korrelationspeak zu kurzen Zeiten (bis auf die Transiente bei 1109/ 1418 nm) und ein weiteres Maximum zwischen 0,6 und 1 ps erkennen. Das maximale Signal im Hinblick auf die Detektion von DE_2 ist bei 1380 nm-Abfrage zu sehen. Der Anstieg der gemessenen Transienten zum zweiten Maximalwert wurde mit einer mono-exponentiellen Wachstumsfunktion und der darauf folgende Abfall mit einer biexponentiellen Zerfallsfunktion angepasst:

$$\Delta OD = A_1 \left(1 - \exp\left(-\frac{t}{\tau_1} \right) \right) + A_2 \exp\left(-\frac{t}{\tau_2} \right) + A_3 \exp\left(-\frac{t}{\tau_3} \right). \quad (6.17)$$

Die daraus erhaltenen Zeitkonstanten für die Beschreibung der DE_2-Dynamik sind in Tabelle 6.2 aufgelistet, ebenso die Konstanten zur Beschreibung der DE_1-Dynamik bei 1344/1305 nm, die auf die gleiche Art ausgewertet wurde. Vergleicht man die Lage der zweiten Maxima der DE_1-und DE_2-Transienten, so fällt auf, dass die Transiente bei 1344/1380 nm bei etwa 1 ps ihren Maximalwert erreicht hat. Das Maximum, das die Bevölkerung von DE_1 anzeigt (1344/1305 nm), tritt dagegen erst bei etwa 2 ps auf. DE_1 wird ausgehend von E_{11} also langsamer besetzt als DE_2, was sich auch in den Zeitkonstanten τ_1 mit $\tau_1 = (0,9 \pm 0,05)$ ps (DE_1) und $\tau_1 = (0,4 \pm 0,5)$ ps (DE_2) widerspiegelt.

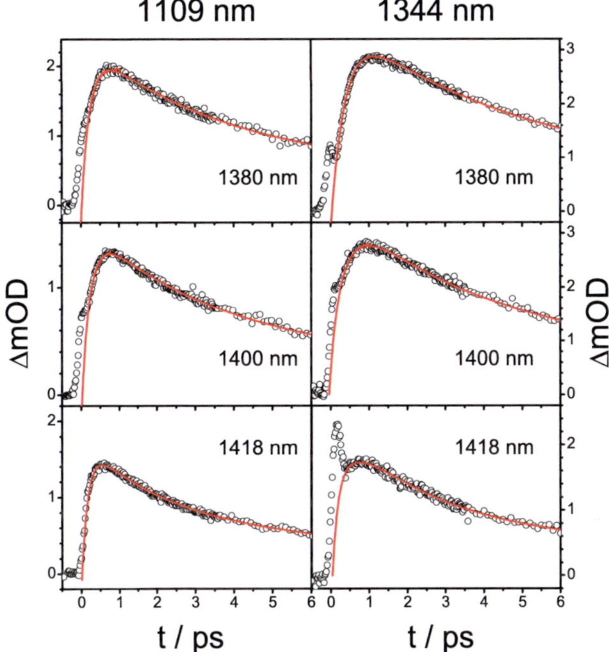

Abbildung 6.12.: Absorbanz-Zeit-Profile der (9,7)-Röhre nach Anregung bei 1109 nm (links) bzw. 1344 nm (rechts). Die Abfragewellenlänge variiert von 1380 bis 1418 nm.

Unter der Annahme, dass ein Teil der Besetzung von E_{11} über innere Konversion mit anschließender Schwingungsrelaxation in die dunklen Zustände übergeht, wird der dunkle Zustand schneller populiert, der energetisch näher an E_{11} liegt. DE_2 liegt etwa 48 meV unterhalb des hellen E_{11}-Zustands, während der Abstand zu DE_1 etwa 130 meV beträgt.[1]

Bei phononenassistierter Anregung mit 1109 nm (Abb. 6.12) scheint der DE_2-Zustand schneller populiert zu werden ($\tau_1 = (0,2\pm0,05)$ ps) als bei resonanter Anregung von E_{11} ($\tau_1 = (0,4 \pm 0,05)$ ps), was an der bereits erwähnter Dispersivität der G-Bande liegen kann.

Aus der biexponentiellen Anpassung erhält man mit τ_2 und τ_3 zwei weitere Zeitkonstanten auf der ps- und 10 ps-Zeitskala (siehe Tabelle 6.2), denen man analog wieder Relaxation aufgrund von Defektstrukturen sowie die Lebensdauer des dunklen Zustands zuordnen kann. Im Vergleich zur Abfrage des ersten erlaubten Zustands E_{11} ist τ_2 etwas größer. Das kann einerseits daran liegen, dass eine Überlagerung verschiedener Prozesse vorliegt (z.B. Abfrage der E_{11}-Dynamik mit gleichzeitiger Abfrage der DE_2-Dynamik). Es wurde aber auch gezeigt, dass die Lebensdauer innerhalb 1 ps von E_{11} durch die unterhalb liegenden DE-Zustände verkürzt wird und so zur Relaxationszeit τ_2 des E_{11}-Zustands beiträgt. Diese Komponente fehlt im τ_2 für die Dynamik der dunklen Zustände.

7. Ausblick

Erste Messungen an Germaniumclustern und Lanthanoidkomplexen

Es wurde gezeigt, dass die zeitaufgelöste Absorptionsspektroskopie als Methode zur Verfolgung der Relaxationsdynamik metallorganischer Verbindungen prinzipiell geeignet ist. Sowohl der metalloide ligandenstabilisierte Germaniumcluster als auch die durch β-Diketonatliganden sensibilisierten Lanthanoidkomplexe zeigten nach UV-Anregung eine Dynamik im Pikosekundenbereich.

Im Fall des Germaniumclusters wurde diese Dynamik als gerichteter Elektronentransfer zwischen dem anionischen Clusterkern und dem als Gegenion fungierenden Lithiumkation interpretiert. Da es sich um erste Messungen an dieser Clusterart handelt, wären weitere Messungen zur Verifizierung dieses Ergebnisses sinnvoll. Denkbar ist z.B. der Vergleich mit einer neutralen Clusterverbindung wie $ZnGe_{18}R_6$ (R = Ligand), die ebenfalls in einem organischen Lösungsmittel gelöst werden kann. Das Absorptionspektrum dieser Verbindung weist eine ähnliche strukturlose Absorbanz im UV- bis sichtbaren Bereich auf wie der Germaniumcluster,[24] was ein Hinweis auf ähnliche elektronische Eigenschaften ist und ihn für weiterführende Messungen interessant werden lässt. In dieser Verbindung ist aufgrund des fehlenden Gegenions kein richtungsabhängiger Energietransfer vorhanden, was Auswirkungen auf die Dynamik nach UV-Anregung haben sollte.

Bei den vierkernigen Lanthanoidkomplexen gelang die zeitaufgelöste Detektion des intramolekularen Energietransfers von den Liganden zu den trivalenten

Neodym- bzw. Praseodymionen. Für Verwendung in Lasermaterialien oder Leuchtdioden ist vor allem eine hohe Lumineszenzquantenausbeute der 4f-Übergänge der Lanthanoide wichtig. Das setzt zum Einen eine niedrige Fluoreszenz aus ligandenzentrierten Energieniveaus voraus, zum Anderen muss der intramolekulare Energietransfer effizient sein. Aufschluss über die intramolekularen Prozesse kann unter anderem die Bestimmung der ligandenabhängigen Lebensdauer der emittierenden 4f-Niveaus der Lanthanoide geben. Die Detektion dieser Fluoreszenz in zeitaufgelösten Absorptionsmessungen setzt eine Reduzierung der Fluoreszenzlöschung aufgrund des Lösungsmittels voraus. Da vor allem Wasser die Fluoreszenz quencht, sollte die Probenpräparation bei weiteren Untersuchungen mit wasserfreien Lösungsmitteln unter Schutzgasatmosphäre durchgeführt werden.

(9,7)-Nanoröhren

Da mit der zeitaufgelösten Anregungs-Abfrage-Methode in Lösung nur Ensemblemessungen möglich sind, ist es wichtig, gut charakterisierte Proben zu benutzen, um detaillierte Aussagen über Relaxationsprozesse nach elektronischer Anregung treffen zu können. Durch die annähernd monodisperse Verteilung der untersuchten Nanoröhrenprobe, war eine Anregung sowie Abfrage einzelner elektronischer Zustände möglich. Die Bereitstellung weiterer Proben mit nur einer einzigen Nanoröhrenspezies kann in Zukunft zur weiteren Aufklärung der Dynamik angeregter Nanoröhren beitragen.
Mittels zeitaufgelöster Einzelmolekülspektroskopie ist es zudem möglich, gezielt einzelne Röhrentypen auszuwählen. Dies lässt sich z.B. über ein konfokales Mikroskop mit Auflösung von einigen 100 nm realisieren. ein weiterer Vorzug dieser Spektroskopieart liegt darin, dass in Reflexion gemessen werden kann. Werden die Proben durch Spin-Coating fein verteilt auf eine Oberfläche aufgebracht, lassen sich z.B. Inhomogenitäten aufgrund einer nicht gleichmäßigen Bedeckung der einzelnen Röhren mit dem Suspensionsvermittler vermeiden.

A. Anhang

UV-Vis-Spektren und Zeitkonstanten zu Kapitel 4

An verschiedenen Tagen aufgenommene Absorptionsspektren zeigen, dass der
Germaniumcluster nicht stabil ist, da die optische Dichte der dem Cluster
zugeordneten Absorptionsbande mit zunehmendem Alter der Probe geringer
wurde:

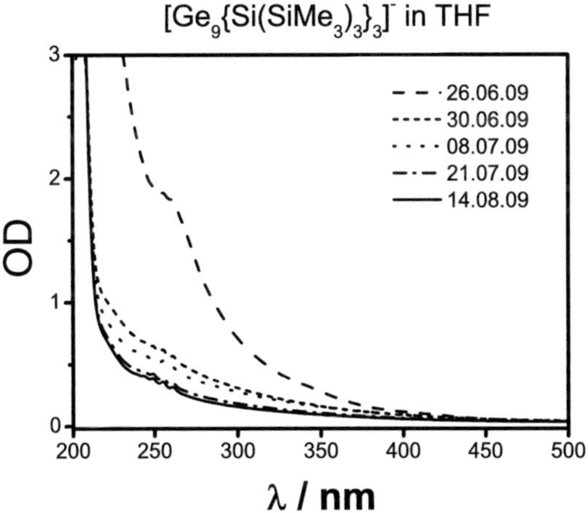

Abbildung A.1.: Die UV-Vis-Absorptionsspektren zeigen den Alterungsprozess
des Ge-Clusters innerhalb von 7 Wochen. Für den Zeitraum einer zeitaufgelösten
Messung (zwischen 5 und 15 min.) war der Cluster jedoch stabil genug.

Abbildung A.2 zeigt das Lösungsmittel THF, in dem der Germaniumcluster gelöst wurde, vor und nach Trocknung über Natrium mit Butylhydroxytoluol als Stabilisator und Benzophenon als Indikitaor. Die Progressionsbanden, die wahrscheinlich den Zersetzungsprodukten des Stabilisators oder des Indikators zuzuordnen sind, sind auch in Abbildung A.1 schwach zu erkennen.

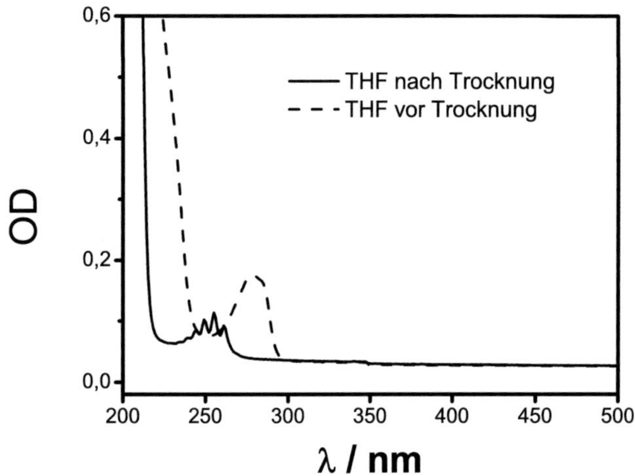

Abbildung A.2.: UV-Vis-Absorptionsspektren des Lösungsmittels Tetrahydrofuran.

In Abbildung A.3 ist ein Absorbanz-Zeit-Profil von getrocknetem THF dargestellt. Als Beispiel ist die transiente Antwort bei 570 nm nach 258nm-Anregung gezeigt. Nur bei kleinen Verzögerungszeiten trat ein Korrelationspeak auf, der bis zu einer Abfragewellenlänge von etwa 900 nm zu detektieren war.

Für die Vergleichsmessungen musste das THF frisch destilliert sein und die Salze NaI und LiI in der Argonbox zugegeben werden. Ansonsten trat eine sofortige Gelbfärbung durch I_3^- aufgrund von sauerstoffhaltigem THF oder anderen oxidierenden Verunreinigungen auf, welche Iodid zu I_3^- oxidierten.

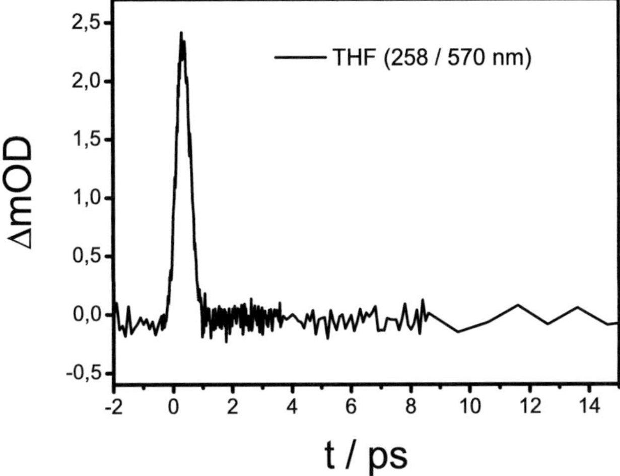

Abbildung A.3.: Absorbanz-Zeit-Profil von getrocknetem THF bei einer Anregungs-/Abfrage-Kombination von 258/570 nm.

Tabelle A.1.: Zeitkonstanten und Amplituden für die Messungen von $[Ge_9\{Si(SiMe_3)_3\}_3]\,Li(thf)_4\cdot 3THF$ nach Anregung mit 258 nm.

λ_{Probe}	τ_1	A_1	τ_2	A_2
nm	ps		ps	
500	-	–	69,8	0,00015
516	5,5	0,00027	270,4	0,00017
516	6,2	0,00024	196,6	0,00014
534	6,3	0,00023	129,8	0,00034
570	15,6	0,0002	430,8	0,00021
600	1,1	0,0001	125,8	0,00019
620	3,7	0,0002	146,2	0,00034

λ_{Probe}	τ_1	A_1	τ_2	A_2
700	3,1	0,00009	575,7	0,0002
900	1,4	0,00019	92,1	0,00028
900	1,7	0,00011	151,9	0,00012
1000	1,8	0,00015	99,4	0,00021
1100	1,6	0,00016	121,5	0,00017
1350	1,3	0,00018	59,4	0,00013
1580	0,7	0,00015	∞	0,00006

Verwendete Chemikalien

Chemikalie	Reinheit	Deklaration	Hersteller
Aceton	$\geq 99{,}7$	F, X_i	Fluka
Lithiumiodid	99,999	T	Alfa Aesar
Methanol	$\geq 99{,}8$	F^+, T	Riedel-deHaën
Natriumiodid	≥ 99	X_i	Fluka
Tetrahydrofuran	$\geq 99{,}5$	F^+, X_i	Fluka

Literaturverzeichnis

[1] S. Lebedkin, F. Hennrich, O. Kiowski, and M. Kappes, *Phys. Rev. B*, **77**, 165429 (2008). Photophysics of carbon nanotubes in organic polymer-toluene dispersions: Emission and excitation satellites and relaxation pathways.

[2] J.-M. Bethoux, H. Happy, G. Dambrine, V. Derycke, M.Goffman, and J.-P. Bourgoin, *IEEE Elect. Dev. Lett.*, **27**, 681–683 (2006). An 8-GHz ft Carbon Nanotube Field-Effect Transistor for Gigahertz Range Applications.

[3] S. V. Eliseeva and J.-C. G. Bünzli, *Chem. Soc. Rev.*, **39**, 189–227 (2010). Lanthanide luminescence for functional materials and bio-sciences.

[4] B. M. van der Ende, L. Aarts, and A. Meijerink, *Phys. Chem. Chem. Phys.*, **11**, 11081–11095 (2009). Lanthanide ions as spectral converters for solar cells.

[5] S. Pandya, J. Yu, and D. Parker, *Dalton Trans.*, page 2757–2766 (2006). Engineering emissive europium and terbium complexes for molecular imaging and sensing.

[6] G. F. de Sá and O. L. Malta and C. de Mello Donegá and A. M. Simas and R. L. Longo and P. A. Santa-Cruz and E. F. da Silva Jr., *Coord. Chem. Rev.*, **196**, 165–195 (2000). Spectroscopic properties and design of highly luminescent lanthanide coordination complexes.

[7] H. Hippler, A.-N. Unterreiner, J.-P. Yang, S. Lebedkin, and M. Kappes, *Phys. Chem. Chem. Phys.*, **6**, 2387–2390 (2004). Evidence of ultrafast optical behaviour in individual single-walled carbon nanotubes.

[8] Y. R. Shen, *The Principles of Nonlinear Optics*, John Wiley & Sons, New Jersey, 2003.

[9] J.-C. Diels and W. Rudolph, *Ultrashort Laser Pulse Phenomena: fundamentals, techniques, and applications on a femtosecond time scale*, Academic Press, San Diego, 1996.

[10] C. Rulliére (Hrsg.), *Femtosecond Laser Pulses: Principles and Experiments*, Springer Science+Business Media, LLC, New York, second ed., 2003.

[11] R. W. Boyd, *Nonlinear Optics*, Academic Press, San Diego, second ed., 2003.

[12] K. Sala, G. Kenney-Wallace, and G. Hall, *IEEE J. Quantum Electron*, **QE-16**, 990–996 (1980). CW Autocorrelation Measurements of Picosecond Laser Pulses.

[13] K. Tamura, C. R. Doerr, L. E. Nelson, H. A. Haus, and E. P. Ippen, *Opt. Lett.*, **19**, 46–48 (1994). Technique for obtaining high-energy ultrashort pulses from an additive-pulse mode-locked erbium-doped fiber ring laser.

[14] P. Maine, D. Strickland, P. Bado, M. Pesset, and G. Mourou, *IEEE J. Quantum Electronics*, **24**, 398–403 (1988). Generation of Ultrahigh Peak Power Pulses by Chirped Pulse Amplification.

[15] H. Brands, *Ultrakurzzeitdynamik von Fulleriden in Lösung und suspendierten, längenselektierten Kohlenstoffnanoröhren*, Dissertation, Universität Karlsruhe, 2007.

[16] D. Meschede, *Optik, Licht und Laser*, Teubner Verlag, Wiesbaden, 2005.

[17] E. Riedle, M. Beutter, S. Lochbrunner, J. Piel, S. Schenkl, S. Spörlein, and W. Zinth, *Appl. Phys. B*, **71**, 457–465 (2000). Generation of 10 to 50 fs pulses tunable through all of the visible and the NIR.

[18] G. Cerullo, M. Nisoli, and S. D. Silvestri, *Appl. Phys. Lett.*, **71**, 3616–3618 (1997). Generation of 11 fs pulses tunable across the visible by optical parametric amplification.

[19] G. Cerullo and S. De Silvestri, *Rev. Sci. Instrum*, **74**, 1–18 (2003). Ultrafast optical parametric amplifiers.

[20] J. Falbe and M. R. (Hrsg.), *CD Römpp*.

[21] A. Schnepf, *Eur. J. Inorg. Chem.*, page 1007–1018 (2008). Metalloid Cluster Compounds of Germanium: Synthesis – Properties – Subsequent Reactions.

[22] A. Schnepf, *Angew. Chem. Int. Ed.*, **42**, 2624–2625 (2003). $\{Ge_9\,[Si\,(SiMe_3)_3]_3\}^-$: A Soluble Polyhedral Ge9 Cluster Stabilized by Only Three Silyl Ligands.

[23] A. Schnepf, mündliche Mitteilung 2009.

[24] A. Schnepf and C. Schenk, Unveröffentlichte Ergebnisse 2009.

[25] A. Einstein, *Ann. Phys.*, **17**, 549–560 (1905). Über die von der molekularkinetischen Theorie der Wärme geforderte Bewegung von in ruhenden Flüssigkeiten suspendierten Teilchen.

[26] E. D. von Meerwall, E. J. Amis, and J. D. Ferry, *Macromolecules*, **18**, 260–266 (1985). Self-Diffusion in Solutions of Polystyrene in Tetrahydrofuran: Comparison of Concentration Dependences of the Diffusion Coefficients of Polymer, Solvent, and a Ternary Probe Component.

[27] J. A. Kloepfer, V. H. Vilchiz, V. A. Lenchenkov, and S. E. Bradforth, *Chem.Phys. Lett.*, **298**, 120–128 (1998). Femtosecond dynamics of photodetachment of the iodide anion in solution: resonant excitation into the charge-transfer-to-solvent state.

[28] A. E. Bragg and B. J. Schwartz, *J. Phys. Chem. B*, **112**, 483–494 (2008). The Ultrafast Charge-Tranfer-to-Solvent Dynamics of Iodide in Tetrahydrofuran. 1. Exploring the Roles of Solvent and Solute Electronic Structure in Condensed-Phase Charge-Tranfer Reactions.

[29] A. E. Bragg and B. J. Schwartz, *J. Phys. Chem. A*, **112**, 3530–3543 (2008). Ultrafast Charge-Tranfer-to-Solvent Dynamics of Iodide in Tetrahydrofuran. 2. Photoinduced Electron Transfer to Counterions in Solution.

[30] S. I. Weissman, *J. Chem. Phys*, **10**, 214–217 (1942). Intramolecular Energy Transfer. The Fluorescence of Complexes of Europium.

[31] J.-C. G. Bünzli, *Chem. Rev.*, **110**,, 2729–2755 (2010). Lanthanide Luminescence for Biomedical Analyses and Imaging.

[32] G. A. Crosby, R. E. Whan, and R. M. Alire, *J. Chem. Phys*, **34**, 743–748 (1961). Intramolecular Energy Transfer in Rare Earth Chelates. Role of the Triplet State.

[33] M. Kleinerman, *J. Chem. Phys.*, **51**, 2370–2381 (1969). Energy Migration in Lanthanide Chelates.

[34] K. Binnemans, *Chem. Rev.*, **107**, 2592–2683 (2007). Lanthanide-Based Luminescent Hybrid Materials.

[35] W. M. Faustino, O. L. Malta, and G. F. de Sa, *J. Chem. Phys.*, **122**, 054109 (2005). Intramolecular energy transfer through charge transfer state in lanthanide compounds: A theoretical approach.

[36] Holleman-Wiberg, *Lehrbuch der anorganischen Chemie*, deGruyter, Berlin - New York, 1995.

[37] S. Cotton, *Lanthanide and Actinide Chemistry*, John Wiley and Sons, Chichester - England, 2007.

[38] K. Kuriki, Y. Koike, and Y. Okamoto, *Chem. Rev.*, **102**, 2347–2356 (2002). Plastic Optical Fiber Lasers and Amplifiers Containing Lanthanide Complexes.

[39] S. So, J. I. Mackenzie, D. P. Shepherd, W. A. Clarkson, J. G. Betterton, E. K. Gorton, and J. A. C. Terry, *Opt. Express*, **14**, 10481–10487 (2006). Intra-cavity side-pumped Ho:YAG laser.

[40] M.-K. Nah, J. B. Oh, H. K. Kim, K.-H. Choi, Y.-R. Kim, and J.-G. Kang, *J. Phys. Chem. A*, **111**, 6157–6164 (2007). Photophysical Properties and Energy Transfer Pathway of Er(III) Complexes with Pt-Porphyrin and Terpyridine Ligands.

[41] I. Iwakura, A. Yabushita, and T. Kobayashi, *Eur. J. Inorg. Chem.*, **2008**, 4856–4860 (2008). Ultrafast Vibronic Processes in a Ru–Porphyrin Complex.

[42] F. J. Steemers, W. Verboom, J. W. Hofstraat, F. A. J. Geurts, and D. N. Reinhoudt, *Tetrahedron Lett.*, **39**, 7583–7586 (1998). Near-Infrared Luminescence of Yb^{3+}, Nd^{3+}, and Er^{3+} Azatriphenylene Complexes.

[43] S. Sato and M. Wado, *Bull. Chem. Soc. Jpn.*, **43**, 1955–1962 (1970). Relations between Intramolecular Energy Transfer Efficencies and Triplet State Energies in Rare Earth β-diketone Chelates.

[44] M. H. V. Werts, J. W. Hofstraat, F. A. J. Geurts, and J. W. Verhoeven, *Chem. Phys. Lett.*, **267**, 196–201 (1997). Fluorescein and eosin as sensitizing chromophores in near-infrared luminescent ytterbium(III), neodymium(III) and erbium(III) chelates.

[45] F. Aiga, H. Iwanaga, and A. Amano, *J. Phys. Chem. A*, **109**, 600–606 (2005). Density Functional Theory Investigation of Eu(III) Complexes with β-Diketonates and Phosphine Oxides: Model Complexes of Fluorescence Compounds for Ultraviolet LED Devices.

[46] Y. Yang, J. Li, X. Liu, S. Zhang, K. Driesen, P. Nockemann, and K. Binnemans, *Chem. Phys. Chem.*, **9**, 600–606 (2008). Listening to Lanthanide Complexes: Determination of the Intrinsic Luminescence Quantum Yield by Nonradiative Relaxation.

[47] J. W. D. Horrocks and W. E. Collier, *J. Am. Chem. Soc.*, **103**, 2856–2862 (1981). Lanthanide Ion Luminescence Probes. Measurement of Distance between Intrinsic Protein Fluorophores and Bound Metal Ions: Quantitation of Energy Transfer between Tryptophan and Terbium(III) or Europium(III) in the Calcium-Binding Protein Parvalbumin.

[48] J. Bruno, J. W. D. Horrocks, and R. J. Zauhars, *Biochemistry*, **31**, 7016–7026 (1992). Europium(III) Luminescence and Tyrosine to Terbium(III) Energy-Transfer Studies of Invertebrate (Octopus) Calmodulin.

[49] C. Yang, L.-M. Fu, Y. Wang, J.-P. Zhang, W.-T. Wong, X.-C. Ai, Y.-F. Qiao, B.-S. Zou, and L.-L. Gui, *Angew. Chem. Int. Ed.*, **43**, 5010–5013 (2004). A Highly Luminescent Europium Complex Showing Visible-Light-Sensitized Red Emission: Direct Observation of the Singlet Pathway.

[50] R. Rodríguez-Cortiñas, F. Avecilla, C. Platas-Iglesias, D. Imbert, J.-C. G. Bünzli, A. de Blas, and T. Rodríguez-Blas, *Inorg. Chem.*, **41**,, 5336–5349 (2004). Structural and Photophysical Properties of Heterobimetallic 4f-Zn Iminophenolate Cryptates.

[51] M. Hatanaka and S. Yabushita, *J. Phys. Chem. A*, **113**, 12615–12625 (2009). Theoretical Study on the f-f Transition Intensities of Lanthanide Trihalide Systems.

[52] D. L. Dexter, *J. Chem. Phys.*, **21**, 836–850 (1953). A Theory of Sensitized Luminescence in Solids.

[53] C. R. S. Dean and T. M. Sheperd, *J. Chem. Soc., Faraday Trans. 2*, **71**, 146–155 (1975). Evaluation of the Intramolecular Energy Transfer Rate Constants in Crystalline $Eu(hfaa)_4Bu^tNH_3$.

[54] S. I. Klink, G. A. Hebbink, L. Grave, P. G. B. O. Alink, F. C. J. M. van Veggel, and M. H. V. Werts, *J. Phys. Chem. A*, **106**, 3681–3689 (2002). Synergistic Complexation of Eu^{3+} by a Polydentate Ligand and a Bidentate Antenna to Obtain Ternary Complexes with High Luminescence Quantum Yields.

[55] O. L. Malta and F. R. Gonçalves e Siva, *Spectrochim. Acta A*, **54**, 1593–1599 (1998). A theoretical approach to intramolecular energy transfer and emission quantum yields in coordination compounds of rare earth ions.

[56] V. Baskar and P. W. Roesky, *Z. Anorg. Allg. Chem.*, **631**, 2782–2785 (2005). Synthesis and Structural Characterization of a Series of Tetranuclear Lanthanide Clusters.

[57] E. F. G. Dickson, A. Pollak, and E. P. Diamandis, *J. Photochem. Photobiol. B: Biol.*, **27**, 3–19 (1994). Time-resolved detection of lanthanide luminescence ultrasensitive bioanalytical assays.

[58] B. Chen, J. Xu, N. Dong, H. Liang, Q. Zhang, and M. Yin, *Spectrochim. Acta A*, **60**, 3113–3118 (2004). Spectra analysis of $Nd(DBM)_3(TPPO)_2$ in MMA solution and PMMA matrix.

[59] T. Kajiwara, K. Katagiri, M. Hasegawa, A. Ishii, M. Ferbinteanu, S. Takaishi, T. Ito, M. Yamashita, and N. Iki, *Inorg. Chem.*, **45**, 4880–4882 (2009). Conformation-Controlled Luminescent Properties of Lanthanide Clusters Containing p-tert-Butylsulfonylcalix[4]arene.

[60] Roesky et al., mündliche Mitteilung 2009.

[61] E. G. Moore and K. N. Raymond, *Angew. Chem. Int .Ed.*, **47**, 9500–9503 (2008). Double Fluorescence Conversion in Ultraviolet and Visible Region for Some Praseodymium Complexes of Aromatic Carboxylates.

[62] G. M. Davies, R. J. Aarons, G. R. Motson, J. C. Jeffery, H. Adams, S. Faulkner, and M. D. Ward, *Dalton Trans.*, pages 1136–1144 (2004). Structural and near-IR photophysical studies on ternary lanthanide complexes containing poly(pyrazolyl)borate and 1,3-diketonate ligands.

[63] Y. Muroya, M. Lin, Z. Han, Y. Kumagai, A. Sakumi, T. Ueda, and Y. Katsumura, *Rad. Phys. Chem.*, **77**, 1176–1182 (2008). Ultra-fast pulse radiolysis: A review of the recent system progress and its application to study on initial yields and solvation processes of solvated electrons invarious kinds of alcohols.

[64] J. T. R. Tuttle and S. Golden, *J. Phys. Chem.*, **95**, 5725–5736 (1991). Solvated Electrons: What Is Solvated?

[65] G. A. Kenney-Wallace and C. D. Jonah, *Chem. Phys. Lett.*, **39**, 596–600 (1976). Picosecond molecular relaxations during electron solvation in liquid alcohol and alcohol–alkane solutions.

[66] F.-Y. Jou and G. R. Freeman, *J. Phys. Chem.*, **81**, 909–915 (1977). Shapes of Optical Spectra of Solvated Electrons. Effect of Pressure.

[67] H. Song, X. Yu, H. Zhao, and Q. Su, *J. Mol. Struc.*, **643**, 21–27 (2002). The relaxation study of dibenzoyl methane in different molecules by photoacoustic amplitude and phase spectra.

[68] I. Carmichael and G. L. Hug, *J. Phys. Chem.*, **15**, 1–250 (1986). Triplet-Triplet Absorption Spectra of Organic Molecules in Condensed Phases.

[69] S. M. Bachilo, M. S. Strano, C. Kittrell, R. H. Hauge, R. E. Smalley, and R. B. Weisman, *Science*, **298**, 2361–2366 (2002). Structure-Assigned Optical Spectra of Single-Walled Carbon Nanotubes.

[70] T. W. Ebbesen, H. Hiura, J. Fujita, Y. Ochiai, and S. Matsui, *Chem. Phys. Lett.*, **209**, 82–90 (1993). Patterns in the bulk growth of carbon nanotubes.

[71] J.-P. Yang, M. Kappes, H. Hippler, and A.-N. Unterreiner, *Phys. Chem. Chem. Phys.*, **7**, 512–517 (2005). Femtosecond transient absorption spectroscopy of single-walled carbon nanotubes in aqueous surfactant suspensions: Determination of the lifetime of the lowest excited state.

[72] J.-C. Charlier, *Acc. Chem. Res.*, **35**, 1063–1069 (2002). Defects in carbon Nanotubes.

[73] B. I. Yakobson, C. J. Brabec, and J. Bernholc, *J. Comput.-Aided Mater.*, **3**, 173–182 (1996). Structural mechanics of carbon nanotubes: From continuum elasticity to atomistic fracture.

[74] M. J. O'Connell, S. M. Bachilo, C. B. Huffman, V. C. Moore, M. S. Strano, E. H. Haroz, K. L. Rialon, P. J. Boul, W. H. Noon, C. Kittrell, J. Ma, R. H. Hauge, R. B. Weisman, and R. E. Smalley, *Science*, **297**, 593–596 (2002). Band Gap Fluorescence from Individual Single-Walled Carbon Nanotubes.

[75] T. Ando, *J. Phys. Soc. Jpn.*, **66**, 11312 11316 (1997). Excitons in carbon nanotubes.

[76] C. D. Spataru, S. Ismail-Beigi, L. X. Benedict, and S. G. Louie, *Phys. Rev. Lett.*, **92**, 077402 (2004). Excitonic effects and the optical spectra of single-walled carbon nanotubes.

[77] F. Plentz, H. B. Ribeiro, A. Jorio, M. S. Strano, and M. A. Pimenta, *Phys. Rev. Lett.*, **95**, 247401 (2005). Direct Experimental Evidence of Exciton-Phonon Bound States in Carbon Nanotubes.

[78] F. Wang, G. Dukovic, L. E. Brus, and T. F. Heinz, *Phys. Rev. Lett.*, **92**, 177401 (2004). Time-Resolved Fluorescence of Carbon Nanotubes and Its Implication for Radiative Lifetimes.

[79] A. Hagen, M. Steiner, M. B. Raschke, C. Lienau, T. Hertel, H. Qian, A. J. Meixner, and A. Hartschuh, *Phys. Rev. Lett.*, **95**, 197401 (2005). Exponential Decay Lifetimes of Excitons in Individual Single-Walled Carbon Nanotubes.

[80] M. S. Dresselhaus, G. Dresselhaus, R. Saito, and A. Jorio, *Phys. Rep.*, **409**, 2204–2206 (2005). Raman spectroscopy of carbon nanotubes.

[81] C. T. White, D. H. Robertson, and J. W. Mintmire, *Phys. Rev. B*, **47**, 5485–5488 (1992). Helical and rotational symmetries of nanoscale graphite tubules.

[82] E. B. Barros, A. Jorio, G. G. Samsonidze, R. B. Capaz, A. G. S. Filhoa, J. M. Filhoa, G. Dresselhaus, and M. S. Dresselhaus, *Phys. Rep.*, **431**, 261—302 (2006). Review on the symmetry-related properties of carbon nanotubes.

[83] R. Saito, G. Dresselhaus, and M. S. Dresselhaus, *Physical Properties of Carbon Nanotubes*, Imperial College Press, London, 2003.

[84] Dass die Vektoren in Achsenrichtung kontinuierlich sind, trifft eigentlich nur für Nanoröhren von unendlicher Länge zu. Für Röhren mit endlicher Länge L beträgt der Abstand zwischen den Vektoren $2\pi/L$, was experimentell nachgewiesen wurde.[120]

[85] R. Saito, M. Fujita, G. Dresselhaus, and M. S. Dresselhaus, *Appl. Phys. Lett.*, **60**, 47–99 (1992). Electronic structure of chiral graphene tubules.

[86] T. W. Odom, J.-L. Huang, P. Kim, and C. M. Lieber, *Phys. Rev.*, **140**, A1133 (2000). Self-consistent equations including exchange and correlation effects.

[87] A. Jorio, M. S. Dresselhaus, and G. D. (Hrsg.), *Carbon Nanotubes - Advanced Topics in the Synthesis, Structure, Properties and Applications*, Springer-Verlag, Berlin - Heidelberg, topics in applied physics 111 ed., 2008.

[88] C. L. Kane and E. J. Mele, *Phys. Rev.*, **90**, 207401 (2003). Ratio Problem in Single Carbon Nanotube Fluorescence Spectroscopy.

[89] Für kleine Röhrendurchmesser weicht das Verhältnis durch Effekte, die aufgrund der Krümmung der Röhre und der dreifachen Anisotropie der Bandstruktur hervorgerufen werden, ebenfalls von 2 ab.[88]

[90] M. Ichida, S. Mizuno, Y. Saito, H. Kataura, Y. Achiba, and A. Nakamura, *Phys. Rev. B*, **65**(24), 241407 (2002). Coulomb effects on the fundamental optical transition in semiconducting single-walled carbon nanotubes: Divergent behavior in the small-diameter limit.

[91] C. Kittel, *Introduction to Solid State Physics*, John Wiley and Son, New York, Chichester, Brisbane, Toronto, Singapore, 1996.

[92] V. Perebeinos, J. Tersoff, and P. Avouris, *Phys. Rev. Lett.*, **92**, 257402 (2004). Scaling of Excitons in Carbon Nanotubes.

[93] S. Tretiak, S. Kilina, A. Piryatinski, A. Saxena, R. L. Martin, and A. R. Bishop, *Nano Lett.*, **7**, 86–92 (2007). Excitons and Peierls Distortion in Conjugated Carbon Nanotubes.

[94] L. Lüer, S. Hoseinkhani, D. Polli, J. Crochet, T. Hertel, and G. Lanzani, *Nature Phys.*, **5**, 54–58 (2009). Size and mobility of excitons in (6,5) carbon nanotubes.

[95] M. S. Dresselhaus, G. Dresselhaus, R. Saito, and A. Jorio, *Annu. Rev. Phys. Chem.*, **58**, 719–747 (2007). Exciton Photophysics of Carbon Nanotubes.

[96] C. D. Spataru, S. Ismail-Beigi, L. X. Benedict, and S. G. Louie, *Appl. Phys. A-Mater.*, **78**, 1129 (2004). Quasiparticle energies, excitonic effects and optical absorption spectra of small-diameter of single-walled carbon nanotubes.

[97] S. Kilina, E. Badaeva, A. Piryatinski, S. Tretiak, A. Saxena, and A. R. Bishop, *Phys. Chem. Chem. Phys*, **11**, 4113–4123 (2009). Bright and dark excitons in semiconductor carbon nanotubes: insights from electronic structure calculations.

[98] H. Zhao and S. Mazumdar, *Phys. Rev. Lett.*, **93**, 157402 (2004). Electron-Electron Interaction Effects on the Optical Excitations of Semiconducting Single-Walled Carbon Nanotubes.

[99] H. Zhao, S. Mazumdar, C. X. Sheng, M. Tong, and Z. V. Vardeny, *Phys. Rev. B*, **73**, 075403 (2006). Photophysics of excitons in quasi-one-dimensional organic semiconductors: Single-walled carbon nanotubes and π-conjugated polymers.

[100] V. Perebeinos, J. Tersoff, and P. Avouris, *Phys. Rev. Lett.*, **94**, 027402 (2005). Effect of Exciton-Phonon Coupling in the Calculated Optical Absorption of Carbon Nanotubes.

[101] S. G. Chou, F. Plentz, J. Jiang, R. Saito, D. Nezich, H. B. Ribeiro, A. Jorio, M. A. Pimenta, G. G. Samsonidze, A. P. Santos, M. Zheng, G. B. Onoa, E. D. Semke, G. Dresselhaus, and M. S. Dresselhaus, *Phys. Rev. Lett.*, **94**, 127402 (2005). Phonon-Assisted Excitonic Recombination Channels Observed in DNA-Wrapped Carbon Nanotubes Using Photoluminescence Spectroscopy.

[102] S. Reich and C. Thomsen, *Phil. Trans. R. Soc. Lond. A*, **362**, 2271–2288 (2004). Raman spectroscopy of graphite.

[103] A. Jorio, R. Saito, G. Dresselhaus, and M. S. Dresselhaus, *Phil. Trans. R. Soc. Lond. A*, **362**, 2311–2336 (2004). Determination of nanotubes properties by Raman spectroscopy.

[104] P. Avouris, J. Chen, M. Freitag, V. Perebeinos, and J. C. Tsang, *Phys. Stat. Sol. B*, **243**, 3197—3203 (2006). Carbon nanotube optoelectronics.

[105] L. A. Girifalco, M. Hodak, and R. S. Lee, *Phys. Rev. B*, **62**, 13104–13110 (2000). Carbon nanotubes, buckyballs, ropes, and a universal graphitic potential.

[106] H. Huang, H. Kajiura, R. Maruyama, K. Kadono, and K. Noda, *J. Phys. Chem. B*, **110**, 4686–4690 (2006). Relative Optical Absorption of Metallic and Semiconducting Single-Walled Carbon Nanotubes.

[107] T. Hertel, A. Hagen, V. Talalaev, K. Arnold, F. Hennrich, M. Kappes, S. Rosenthal, J. McBride, H. Ulbricht, and E. Flahaut, *Nano Lett.*, **5**, 511–514 (2005). Spectroscopy of Single- and Double-Wall Carbon Nanotubes in Different Environments.

[108] Y. Miyauchi, R. Saito, K. Sato, Y. Ohno, S. Iwasaki, T. Mizutani, J. Jiang, and S. Maruyama, *Chem. Phys. Lett.*, **442**, 394—399 (2007). Dependence of exciton transition energy of single-walled carbon nanotubes on surrounding dielectric materials.

[109] A. Thess, R. Lee, P. Nikolaev, H. Dai, P. Petit, J. Robert, C. Xu, Y. H. Lee, S. G. Kim, A. G. Rinzler, D. T. Colbert, G. E. Scuseria, D. Tomanek, J. E. Fischer, and R. E. Smalley, *Science*, **273**, 483–487 (1996). Crystalline Ropes of Metallic Carbon Nanotubes.

[110] S. Lebedkin, P. Schweiss, B. Renker, S. Malik, F. Hennrich, M. Neumaier, C. Stoermer, and M. Kappes, *Carbon*, **40**, 417–432 (2002). Single-

wall carbon nanotubes with diameters approaching 6 nm obtained by laser vaporization.

[111] N. Stürzl, F. Hennrich, S. Lebedkin, and M. M. Kappes, *J. Phys. Chem. C*, **113**, 14628–14632 (2009). Near Monochiral Single-Walled Carbon Nanotube Dispersions in Organic Solvents.

[112] S. Lebedkin, A. Arnold, F. Hennrich, R. Krupke, B. Renker, and M. Kappes, *N. J. Phys.*, **5**, 140 (2003). FTIR-luminescence mapping of disperse single-walled carbon nanotubes.

[113] Y. Miyauchi, K. Matsuda, and Y. Kanemitsu, *Phys. Rev. B*, **80**, 235433 (2009). Femtosecond Excitation-Correlation Spectroscopy of Single-Walled Carbon Nanotubes: Analysis Based on Nonradiative Multiexciton Recombination Processes.

[114] F. Hennrich, mündliche Mitteilung 2009.

[115] T. Gokus, A. Hartschuh, H. Harutyunyan, M. Allegrini, F. Hennrich, M. Kappes, A. A. Green, M. C. Hersam, P. T. Araújo, and A. Jorio, *Appl. Phys. Lett.*, **92**, 153116 (2008). Exciton decay dynamics in individual carbon nanotubes at room temperature.

[116] Für die zeitliche Einhüllende der Femtosekundenpulse wird eine Gaußfunktion angenommen. Die Fehlerfunktion entspricht dem Integral über eine Gaußfunktion. Mithilfe des ersten Ausdrucks in Gleichung 6.15 lässt sich die experimentelle Zeitauflösung abschätzen.

[117] L. Valkunas, Y.-Z. Ma, and G. R. Fleming, *Phys. Rev. B*, **73**, 115432 (2006). Exciton-exciton annihilation in single-walled carbon nanotubes.

[118] Y.-Z. Ma, L. Valkunas, S. L. Dexheimer, S. M. Bachilo, and G. R. Fleming, *Phys. Rev. Lett.*, **94**, 157402 (2005). Femtosecond Spectroscopy of Optical Excitations in Single-Walled Carbon Nanotubes: Evidence for Exciton-Exciton Annihilation.

[119] C. Manzoni, A. Gambetta, E. Menna, M. Meneghetti, G. Lanzani, and
G. Cerullo, *Phys. Rev. Lett.*, **94**, 207401 (2005). Intersubband Exciton
Relaxation Dynamics in Single-Walled Carbon Nanotubes.

[120] S. J. Tans, M. H. Devoret, H. Dai, A. Thess, R. E. Smalley, L. J. Geer-
ligs, and C. Dekker, *Nature*, **386**, 474–477 (1997). Individual single-wall
carbon nanotubes as quantum wires.

Literaturverzeichnis

Dank

An dieser Stelle bedanke ich mich bei allen, die mir auf meinem Weg zur Doktorarbeit zur Seite standen.

Herrn Priv. Doz. Dr. A.-N. Unterreiner gilt mein besonderer Dank für die freundliche Aufnahme in seine Arbeitsgruppe sowie seine Diskussionsbereitschaft, auch oft abseits der gängigen Pfade.

Ebenfalls bedanke ich mich bei Herrn Prof. M. Olzmann für seine Unterstützung und sein Verständnis.

Dem gesamten Arbeitskreis Molekulare Physikalische Chemie bin ich sehr verbunden für die angenehme Arbeitsatmosphäre und kollegiale Hilfe. Besonders erwähnen möchte ich Herrn Dr. H. Brands für seine verständliche Einführung in die Praxis der Femtosekundenspektroskopie sowie Herrn Dr. T. Bentz für seine fachkundige Unterstützung bei allen LaTex,- Origin- und sonstigen Windows-Programm-Unfällen. Weiterer Dank geht an Frau P. Hibomvschi für ihre geduldige Hand mit Inventor und Inkscape und an Herrn Th. Wolf für seine tatkräftige Unterstützung bei den Messungen der Seltenerd- und Germaniumcluster.

Der Elektronikwerkstatt, insbesondere Herrn C. Heck und Herrn K. Stree, bin ich sehr verbunden für die schnelle Hilfe bei elektronischen Un- bzw. Ausfällen aller Art; ebenso der feinmechanischen Werkstatt für die reibungslose Zusammenarbeit.

Darüber hinaus gilt man Dank Frau Dr. B. Unterreiner für das schnelle Korrekturlesen meiner Arbeit.

Schließlich möchte ich mich noch bei meinen Eltern bedanken, die mir stets Stütze und Ansporn waren.